**DADOS VISUAIS
PARA PESQUISA
QUALITATIVA**

AUTORES

Uwe Flick (coord.)
Professor de Pesquisa Qualitativa na Alice Salomon University of Applied Sciences, Berlim.

Marcus Banks
Professor de Arqueologia e Antropologia na University of Oxford.

B218d   Banks, Marcus.
         Dados visuais para pesquisa qualitativa / Marcus Banks ; tradução José Fonseca ; consultoria, supervisão e revisão técnica desta edição Caleb Farias Alves. – Porto Alegre : Artmed, 2009.
         176 p. ; 23 cm. – (Coleção Pesquisa qualitativa / coordenada por Uwe Flick)

         ISBN 978-85-363-2056-4

         1. Pesquisa científica. 2. Pesquisa qualitativa – Análise de dados. I. Título. II. Série.

                                                                    CDU 001.891

Catalogação na publicação: Renata de Souza Borges CRB-10/1922

COLEÇÃO PESQUISA QUALITATIVA
coordenada por **Uwe Flick**

DADOS VISUAIS PARA PESQUISA QUALITATIVA

Marcus Banks

Tradução
José Fonseca

Consultoria, supervisão e revisão técnica desta edição:
Caleb Farias Alves
Doutor em Sociologia pela Universidade de São Paulo.
Professor Adjunto do Instituto de Filosofia e Ciências Humanas
na Universidade Federal do Rio Grande do Sul.

2009

Obra originalmente publicada sob título *Using Visual Data in Qualitative Research*
ISBN 978-07619-4979-4
English language edition published by SAGE Publications of London
New Delhi and Singapore

© Marcus Banks, 2008
© Portuguese language translation by Artmed Editora S.A., 2009

Capa
Paola Manica

Preparação de originais
Lia Gabriele Regius dos Reis

Leitura final
Cristine Henderson Severo

Supervisão editorial
Carla Rosa Araujo

Projeto gráfico
Santo Expedito Produção e Artefinal

Finalização
Armazém Digital® Editoração Eletrônica – Roberto Carlos Moreira Vieira

Reservados todos os direitos de publicação, em língua portuguesa, à
ARTMED® EDITORA S.A.
Av. Jerônimo de Ornelas, 670 - Santana
90040-340 Porto Alegre RS
Fone (51) 3027-7000 Fax (51) 3027-7070

É proibida a duplicação ou reprodução deste volume, no todo ou em parte, sob quaisquer formas ou por quaisquer meios (eletrônico, mecânico, gravação, fotocópia, distribuição na Web e outros), sem permissão expressa da Editora.

SÃO PAULO
Av. Angélica, 1091 - Higienópolis
01227-100 São Paulo SP
Fone (11) 3665-1100 Fax (11) 3667-1333

SAC 0800 703-3444

IMPRESSO NO BRASIL
PRINTED IN BRAZIL
Impresso sob demanda na Meta Brasil a pedido de Grupo A Educação.

SUMÁRIO

Introdução à *Coleção Pesquisa Qualitativa* (Uwe Flick) 7
Sobre este livro (Uwe Flick) 13

1 Dados visuais 15
2 O lugar dos dados visuais em pesquisa social:
   uma breve história 35
3 Abordagens ao estudo do visual 53
4 Métodos visuais e pesquisa de campo 79
5 Apresentação da pesquisa visual 119
6 Conclusão: imagens e pesquisa social 145

Notas 155
Glossário 161
Referências 163
Índice 173

INTRODUÇÃO À *COLEÇÃO PESQUISA QUALITATIVA*

Uwe Flick

Nos últimos anos, a pesquisa qualitativa tem vivido um período de crescimento e diversificação inéditos ao se tornar uma proposta de pesquisa consolidada e respeitada em diversas disciplinas e contextos. Um número cada vez maior de estudantes, professores e profissionais se depara com perguntas e problemas relacionados a como fazer pesquisa qualitativa, seja em termos gerais, seja para seus propósitos individuais específicos. Responder a essas perguntas e tratar desses problemas práticos de maneira concreta são os propósitos centrais da *Coleção Pesquisa Qualitativa*.

Os livros da *Coleção Pesquisa Qualitativa* tratam das principais questões que surgem quando fazemos pesquisa qualitativa. Cada livro aborda métodos fundamentais (como grupos focais) ou materiais fundamentais (como dados visuais) usados para estudar o mundo social em termos qualitativos. Mais além, os livros incluídos na *Coleção* foram redigidos tendo em mente as necessidades dos diferentes tipos de leitores, de forma que a *Coleção* como um todo e cada livro em si serão úteis para uma ampla gama de usuários:

- *Profissionais* da pesquisa qualitativa nos estudos das ciências sociais, na pesquisa médica, na pesquisa de mercado, na avaliação, nas questões organizacionais, na administração de empresas, na ciência cognitiva, etc., que enfrentam o problema de planejar e realizar um determinado estudo usando métodos qualitativos.
- *Professores universitários* que trabalham com métodos qualitativos poderão usar esta série como base para suas aulas.
- *Estudantes de graduação e pós-graduação* em ciências sociais, enfermagem, educação, psicologia e outros campos em que os métodos qualitativos são uma parte (principal) da formação universitária, incluindo aplicações práticas (por exemplo, para escrever uma tese).

Cada livro da *Coleção Pesquisa Qualitativa* foi escrito por um autor destacado, com ampla experiência em seu campo e com prática nos métodos sobre os quais escreve. Ao ler a *Coleção* completa de livros, do início ao fim, você encontrará, repetidamente, algumas questões centrais a qualquer tipo de pesquisa qualitativa, como ética, desenho de pesquisa ou avaliação de qualidade. Entretanto, em cada livro, essas questões são tratadas do ponto de vista metodológico específico dos autores e das abordagens que descrevem. Portanto, você poderá encontrar diferentes enfoques às questões de qualidade ou sugestões diferenciadas de como analisar dados qualitativos nos diferentes livros, que se combinarão para apresentar um quadro abrangente do campo como um todo.

☑ O QUE É A PESQUISA QUALITATIVA?

É cada vez mais difícil encontrar uma definição comum de pesquisa qualitativa que seja aceita pela maioria das abordagens e dos pesquisadores do campo. A pesquisa qualitativa não é mais apenas a "pesquisa *não* quantitativa", tendo desenvolvido uma identidade própria (ou, talvez, várias identidades).

Apesar dos muitos enfoques existentes à pesquisa qualitativa, é possível identificar algumas características comuns. Esse tipo de pesquisa visa a abordar o mundo "lá fora" (e não em contextos especializados de pesquisa, como os laboratórios) e entender, descrever e, às vezes, explicar os fenômenos sociais "de dentro" de diversas maneiras diferentes:

- Analisando experiências de indivíduos ou grupos. As experiências podem estar relacionadas a histórias biográficas ou a práticas (cotidianas ou profissionais), e podem ser tratadas analisando-se conhecimento, relatos e histórias do dia a dia.
- Examinando interações e comunicações que estejam se desenvolvendo. Isso pode ser baseado na observação e no registro de práticas de interação e comunicação, bem como na análise desse material.
- Investigando documentos (textos, imagens, filmes ou música) ou traços semelhantes de experiências ou interações.

Essas abordagens têm em comum o fato de buscarem esmiuçar a forma como as pessoas constroem o mundo à sua volta, o que estão fazendo ou o que está lhes acontecendo em termos que tenham sentido e que ofereçam uma visão rica. As interações e os documentos são considerados como formas de constituir, de forma conjunta (ou conflituosa), processos e artefatos sociais. Todas essas abordagens representam formas de sentido, as quais podem ser reconstruídas e analisadas com diferentes métodos qualitativos que permitam ao pesquisador desenvolver modelos, tipologias, teorias (mais ou menos generalizáveis) como formas de descrever e explicar as questões sociais (e psicológicas).

POR QUE SE FAZ PESQUISA QUALITATIVA?

Levando-se em conta que existem diferentes enfoques teóricos, epistemológicos e metodológicos, e que as questões estudadas também são muito diferentes, é possível identificar formas comuns de fazer pesquisa qualitativa? Podem-se, pelo menos, identificar algumas características comuns na forma como ela é feita.

- Os pesquisadores qualitativos estão interessados em ter acesso a experiências, interações e documentos em seu contexto natural, e de uma forma que dê espaço às suas particularidades e aos materiais nos quais são estudados.
- A pesquisa qualitativa se abstém de estabelecer um conceito bem definido daquilo que se estuda e de formular hipóteses no início para depois testá-las. Em vez disso, os conceitos (ou as hipóteses, se forem usadas) são desenvolvidos e refinados no processo de pesquisa.
- A pesquisa qualitativa parte da ideia de que os métodos e a teoria devem ser adequados àquilo que se estuda. Se os métodos existentes não se ajustam a uma determinada questão ou a um campo concreto, eles serão adaptados ou novos métodos e novas abordagens serão desenvolvidos.
- Os pesquisadores, em si, são uma parte importante do processo de pesquisa, seja em termos de sua própria presença pessoal na condição de pesquisadores, seja em termos de suas experiências no campo e com a capacidade de reflexão que trazem ao todo, como membros do campo que se está estudando.
- A pesquisa qualitativa leva a sério o contexto e os casos para entender uma questão em estudo. Uma grande quantidade de pesquisa qualitativa se baseia em estudos de caso ou em séries desses estudos, e, com frequência, o caso (sua história e complexidade) é importante para entender o que está sendo estudado.
- Uma parte importante da pesquisa qualitativa está baseada em texto e na escrita, desde notas de campo e transcrições até descrições e interpretações, e, finalmente, à interpretação dos resultados e da pesquisa como um todo. Sendo assim, as questões relativas à transformação de situações sociais complexas (ou outros materiais, como imagens) em textos, ou seja, de transcrever e escrever em geral, preocupações centrais da pesquisa qualitativa.

- Mesmo que os métodos tenham de ser adequados ao que está em estudo, as abordagens de definição e avaliação da qualidade da pesquisa qualitativa (ainda) devem ser discutidas de formas específicas, adequadas à pesquisa qualitativa e à abordagem específica dentro dela.

✓ A ABRANGÊNCIA DA *COLEÇÃO PESQUISA QUALITATIVA*

O livro *Desenho da pesquisa qualitativa* (Uwe Flick) apresenta uma breve introdução à pesquisa qualitativa do ponto de vista de como desenhar e planejar um estudo concreto usando esse tipo de pesquisa de uma forma ou de outra. Visa a estabelecer uma estrutura para os outros livros da *Coleção*, enfocando problemas práticos e como resolvê-los no processo de pesquisa. O livro trata de questões de construção de desenho na pesquisa qualitativa, aponta as dificuldades encontradas para fazer com que um projeto de pesquisa funcione e discute problemas práticos, como os recursos na pesquisa qualitativa, e questões mais metodológicas, como a qualidade e ética em pesquisa qualitativa.

Dois livros são dedicados à coleta e à produção de dados na pesquisa qualitativa. *Etnografia e observação participante* (Michael Angrosino) é dedicado ao enfoque relacionado à coleta e à produção de dados qualitativos. Neste caso, as questões práticas (como a escolha de lugares, de métodos de coleta de dados na etnografia, problemas especiais em sua análise) são discutidas no contexto de questões mais gerais (ética, representações, qualidade e adequação da etnografia como abordagem). Em *Grupos focais*, Rosaline Barbour apresenta um dos mais importantes métodos de produção de dados qualitativos. Mais uma vez, encontramos um foco intenso nas questões práticas de amostragem, desenho e análise de dados, e em como produzi-los em grupos focais.

Dois outros livros são dedicados a analisar tipos específicos de dados qualitativos. *Dados visuais para pesquisa qualitativa* (Marcus Banks) amplia o foco para o terceiro tipo de dado qualitativo (para além dos dados verbais originários de entrevistas e grupos focais e de dados de observação). O uso de dados visuais não apenas se tornou uma tendência importante na pesquisa social em geral, mas também coloca os pesquisadores diante de novos problemas práticos em seu uso e em sua análise, produzindo novas questões éticas. Em *Análise de dados qualitativos* (Graham Gibbs), examinam-se várias abordagens e questões práticas relacionadas ao entendimento dos dados qualitativos. Presta-se atenção especial às práticas de codificação, à comparação e ao uso da análise informatizada de dados qualitativos. Nesse caso, o foco está nos dados verbais, como entrevistas, grupos focais ou biografias. Questões práticas como gerar um arquivo, transcrever vídeos e analisar discursos com esse tipo de dados são abordados nesse livro.

Qualidade na pesquisa qualitativa (Uwe Flick) trata da questão da qualidade dentro da pesquisa qualitativa. Nesse livro, a qualidade é examinada a partir do uso ou da reformulação de critérios existentes para a pesquisa qualitativa, ou da formulação de novos critérios. Esse livro examina os debates em andamento sobre o que deve ser definido como "qualidade" e validade em metodologias qualitativas, e analisa as muitas estratégias para promover e administrar a qualidade na pesquisa qualitativa. Presta-se atenção especial à estratégia de triangulação na pesquisa qualitativa e ao uso desse tipo de pesquisa no contexto da promoção da qualidade.

Antes de continuar a descrever o foco deste livro e seu papel dentro da *Coleção*, gostaria de agradecer a algumas pessoas que foram importantes para fazer com que essa *Coleção* se concretizasse. Michael Carmichael me propôs este projeto há algum tempo e ajudou muito no início, fazendo sugestões. Patrick Brindle assumiu e deu continuidade a esse apoio, assim como Vanessa Harwood e Jeremy Toynbee, que fizeram livros a partir dos materiais que entregamos.

SOBRE ESTE LIVRO

Uwe Flick

Os dados visuais tornaram-se uma abordagem de ponta em pesquisa qualitativa de modo geral, depois de terem sido usados por algum tempo em áreas como antropologia visual. Ao enfocar esses tipos de dados, este livro traz uma nova perspectiva à *Coleção Pesquisa Qualitativa*, pois a maior parte da discussão nos outros livros se concentra na palavra falada ou na observação de práticas. A conexão mais próxima deste livro é com o livro de Angrosino (2007) sobre etnografia, embora sejam sobre diferentes formas de pesquisa de campo. Não obstante, as sugestões do livro de Gibbs (2007) para a análise de dados qualitativos podem servir de ajuda igualmente para este contexto, já que este livro também está interessado no uso de computadores para a análise de dados. Como os dados visuais às vezes são usados em combinação com métodos de dados verbais (em técnicas de busca de fotos, por exemplo), o livro de Barbour (2007) sobre grupos focais também pode complementar este livro.

O foco deste livro são as abordagens históricas, teóricas e práticas ao uso de dados visuais em pesquisa qualitativa. Apresenta muito material de estudo de caso que ilustra as abordagens. Trata também de problemas especiais de ética em pesquisa visual e de como apresentar resultados do uso de métodos visuais para audiências acadêmicas, não acadêmicas e para os próprios participantes da pesquisa.

Na parte central do livro encontramos discussões sobre como fazer um estudo usando dados visuais, começando por esclarecer as intenções do pesquisador para coletar e analisar dados desse tipo. Aqui, a seção referente a estudos em colaboração com pessoas no estudo é muito interessante também para outras formas de pesquisa qualitativa. Este pode ser também o caso da seção que trata do uso de abordagens visuais como uma maneira de ver o mundo pelos olhos dos participantes (das crianças, por exemplo), como uma maneira de tomar a perspectiva dos membros em um campo de pesquisa. Finalmente, o modo como este livro examina a tensão entre produzir materiais de pesquisa (neste caso, material visual) e usar materiais existentes como dados pode ser muito fecundo para pesquisas baseadas em outros tipos de dados e materiais. Também encontramos reflexões sobre o planejamento desse tipo especial de pesquisa e sobre como avaliar a qualidade de tal pesquisa de maneira específica.

1

DADOS VISUAIS

Objetivos do capítulo

Após a leitura deste capítulo, você deverá:

- entender por que o uso e estudo de imagens em pesquisa social como uma entre várias metodologias empregadas se justifica;
- ver a distinção entre criação de imagem e estudo de imagem;
- entender o lugar das metodologias visuais no processo de pesquisa;
- conhecer alguns conceitos e termos essenciais;
- ter uma visão geral do livro.

ESTUDO DE CASO
Métodos visuais e testes de hipótese

Para antropólogos visuais, bem como muitos outros especialistas em estudos visuais, o projeto do final da década de 1960 de Sol Worth e John Adair, "Pelos olhos dos navajos", é um marco no campo da pesquisa visual. Embora o projeto tenha sido alvo de críticas, ele se destaca como exemplo de pesquisa empírica bem planejada, com objetivos e metodologias claras. Worth (especialista em comunicações e antropólogo) e Adair (antropólogo e linguista) decidiram ver se pessoas que tinham tido pouco ou nenhum contato com cinema e imagens em movimento fariam filmes que refletissem a maneira como viam o mundo em geral. Em particular, se os navajo seriam capazes de "contornar" a linguagem ao comunicar sua visão de mundo. A premissa para a investigação está na chamada hipótese de Whorf-Sapir – a ideia de que a estrutura da linguagem que se fala condiciona a maneira como se vê e compreende o mundo em torno de si. Pessoas que falam línguas muito diferentes e não relacionadas, inglês e navajo, por exemplo, vão, nas palavras de Whorf, "cortar a natureza em pedaços, organizá-la em conceitos e atribuir significados" de modos muito diferentes (Whorf, 1956, p. 214). Embora tenha havido várias tentativas de testar essa hipótese, até esse ponto elas se valeram da própria linguagem para conduzir e avaliar a investigação de uma maneira bastante circular. A ideia revolucionária de Worth e Adair foi identificar e usar um outro canal de comunicação.

Worth, Adair e Dick Chalfen, aluno de Worth, deram filmadoras de 16 mm para sete pessoas navajo, que viviam em uma comunidade relativamente tradicional do Arizona, onde muitas pessoas idosas falavam apenas navajo, embora os cineastas fossem todos bilingues. Os sete tinham visto alguns filmes, mas apenas um deles (um artista) tinha visto muitos. Por outro lado, nenhum deles era o que Worth e Adair chamam de "navajo profissional", (1972, p. 72–73), no sentido de que estavam conscientes das tradições e dos costumes navajo e habituados a apresentá-los a outras pessoas. Depois de receberem instruções básicas de filmagem e edição, os navajo estavam livres para filmar o que bem entendessem. Os filmes finais deles foram documentários curtos e silenciosos sobre tópicos como ourivesaria, tecelagem e cerimônias de cura da tribo.

Os resultados em geral confirmam uma versão "fraca" da hipótese: "linguagem é um guia para a realidade social" (Sapir), não determinativa dela. Ao avaliar a maneira como os cineastas navajo editaram as sequências de ação, Worth e Adair notaram por um lado que os cineastas não descobriram e adotaram o princípio do corte de continuidade comum na tradição do cinema ocidental (ou seja, eles não viram problema algum nos cortes "saltados"), enquanto, por outro lado, certas sequências aparentemente longas demais ou supérfluas (tais como um tecelão enrolando uma meada inteira de lã em uma bola) podiam ser relacionadas a ideias específicas dos navajos sobre "ação" que são linguisticamente diferenciadas na língua navajo. Embora os resultados do projeto "Pelos olhos dos navajos" não sejam inteiramente conclusivos (alguns filmes, por exemplo, não puderam ser "lidos" por alguns espectadores navajos, embora surpreendentemente uma informante tenha dito que não podia entender um filme porque era "em inglês", quando, de fato, todos os filmes eram mudos), trata-se ainda assim de um uso pioneiro de métodos

(Continua)

Dados visuais para pesquisa qualitativa ■ 17

> (Continuação)
>
> visuais para tratar de uma questão de pesquisa específica. A monografia original de 1972 descrevendo o projeto foi revista 20 anos mais tarde por Dick Chalfen, que resume a maior parte do debate subsequente (Worth e Adair, 1997).

☑ POR QUE (NÃO) IMAGENS?

Por que um pesquisador social[1] deveria querer incorporar a análise de imagens – pinturas, fotografias, filme, fitas de vídeo, desenhos, diagramas e tantas outras imagens – à sua pesquisa? Há duas boas razões, embora a primeira seja mais fácil de comprovar do que a segunda, e há também uma advertência.

A primeira boa razão é que as imagens são onipresentes na sociedade e, por isso, algum exame de representação visual pode ser potencialmente incluído em todos os estudos de sociedade. Por mais forte ou estreitamente focado que seja um projeto de pesquisa, em algum nível toda pesquisa social diz alguma coisa sobre a sociedade em geral e, dada a onipresença das

FIGURA 1.1 Alta Kahn filmando Tecelão Navajo II, Pine Springs, Arizona, julho de 1966 (fotografia de Richard Chalfen).

imagens, o exame delas deve fazer parte da análise em algum nível. É claro que o mesmo poderia ser dito de música, ou vestuário, ou muitos outros aspectos da experiência social humana. Ainda assim, embora existam muitos estudos valiosos desses fenômenos, nenhum deles parece ter tido no campo da pesquisa social a proeminência sensorial que as imagens tiveram, com a possível exceção do som (em forma de linguagem). Algumas sugestões sobre como isso veio a acontecer são apresentadas no próximo capítulo.

A segunda boa razão para o pesquisador social querer incorporar a análise de imagens é que o estudo de imagens ou um estudo que incorpore imagens na criação ou coleta de dados pode ser capaz de revelar algum conhecimento sociológico que não é acessível por nenhum outro meio. Embora isso seja obviamente verdadeiro no caso de projetos de pesquisa que enfocam a mídia visual, tais como um estudo dos efeitos da televisão sobre as crianças, é menos obviamente verdadeiro – e muito mais difícil de comprovar – em outros projetos. É relativamente fácil celebrar os resultados de algum item de pesquisa visual (alguns exemplos aparecem nos próximos capítulos), mas é menos fácil provar que os mesmos conhecimentos não poderiam ser gerados por uma metodologia de pesquisa alternativa. Seria necessário lançar uma série de investigações sobre o mesmo tópico, com os mesmo sujeitos de pesquisa, todas elas idênticas exceto pelo método de pesquisa empregado e cada uma usando pesquisadores que desconhecessem os resultados das outras equipes. Embora isso possa ser possível no contexto de um laboratório para um conjunto de experimentos psicológicos, mesmo assim, o número de variáveis estaria completamente fora de controle quando fosse tentado no cenário de uma pesquisa de campo. Retomarei essa questão na conclusão do livro, mas até lá simplesmente descreverei as características dos processos de pesquisa visual e seus resultados em vez de proclamar a singularidade deles.

A dificuldade de reunir as condições experimentais para testar uma metodologia de pesquisa frente a uma outra orienta-me a advertência. Independentemente da existência de livros e manuais como este, dedicados a uma única metodologia de pesquisa social, na prática os pesquisadores sociais empregam numerosas metodologias diferentes em suas investigações, que vão desde as altamente formalizadas (certos tipos de análise de conteúdo de imagem, protocolos de entrevista fechada contendo verificação de consistência interna) até as altamente informais (conversas com pessoas, observação de atividades cotidianas). Restringir-se a uma única metodologia ou área de investigação é tão sociologicamente limitador quanto ignorar deliberadamente uma metodologia ou uma área. Este livro é uma tentativa de argumentar que as metodologias de pesquisa visual são diferenciadas e valiosas e devem ser consideradas pelo pesquisador social, seja qual for o seu projeto. Não é uma tentativa de provar que tais metodologias suplantam todas as outras. A pesquisa visual deve ser vista como apenas uma técnica metodológica entre muitas a serem empregadas por pesquisadores sociais, mais apropriada em alguns contextos menos em outros.

PLANO VISUAL

O que, precisamente, são metodologias visuais? Embora essa questão seja tratada detalhadamente no resto deste livro, especialmente no Capítulo 4, que examina métodos no contexto da pesquisa de campo, alguns pontos básicos precisam ser esclarecidos desde o início. A grosso modo, há duas correntes principais de pesquisa visual nas ciências sociais. A primeira gira em torno da criação de imagens pelo pesquisador social (tipicamente fotografias, filme e gravações, mas também desenhos e diagramas) para documentar ou subsequentemente analisar aspectos da vida social e interações sociais. Em um contexto de pesquisa de campo ou mesmo de laboratório, o pesquisador social estará sem dúvida tomando notas na hora, talvez sussurando em um gravador, mas pode também estar tirando fotografias, esboçando cenas a lápis no papel e assim por diante. De volta ao escritório, o pesquisador pode estar transformando listas de números em gráficos, desenhando fluxogramas para mostrar como um evento social leva a outro, analisando gesticulações repetidas em sequências de fitas, e assim por diante.

Todos esses métodos envolvem criação de imagens pelo pesquisador social, independentemente de os sujeitos de pesquisa conhecerem ou não, compreenderem ou não, ou mesmo se interessarem ou não por essas imagens. O objetivo de um tal projeto pode não ser especificamente visual. Por exemplo, uma investigação do papel da educação formal na criação e manutenção de estereótipos de gênero pode envolver a criação de muitas horas de vídeo, inúmeras fotografias e talvez uma quantidade de testes psicológicos de base visual, mas pode ser que pouco ou nada disso seja apresentado em um relatório final de pesquisa ou, nem mesmo em uma referência detalhada. Mesmo que a pesquisa tenha sido projetada para ser visual, ou que os resultados tenham revelado um produto visual – por exemplo, a pesquisa hipotética acima revelou que os estereótipos de gênero são transmitidos tanto visual quanto verbalmente na sala de aula –, ainda assim o pesquisador pode se ver impedida de publicar esses resultados. O poder da palavra é tão grande que poucas revistas estariam preparadas para imprimir mais do que umas poucas fotografias, e nenhuma revista impressa seria capaz de apresentar um vídeo. Da mesma forma, é raro que uma imagem (ao contrário de texto sobre uma imagem) seja citada no trabalho de outros autores, mais uma vez conduzindo ao desestímulo à publicação de imagens. (Algumas soluções possíveis para esse problema são apresentadas no Capítulo 5, na seção sobre apresentação de pesquisa visual.)

> **ESTUDO DE CASO**
> **Vendo pelos olhos de crianças**
>
> Muitos sociólogos e antropólogos fizeram a experiência de dar câmeras (fotográficas ou filmadoras) a sujeitos de pesquisa a fim de "ver" o mundo como seus sujeitos de pesquisa o veem. Embora haja problemas com esse método, geralmente envolvendo a interpretação das imagens resultantes, ele pode ser útil especialmente quando se conduz pesquisa com pessoas que podem ter dificuldade em se expressar verbalmente no contexto de uma entrevista formal – aquelas com problemas de aprendizagem, por exemplo, ou crianças que de outra forma podem se entediar.
>
> Sharples e colaboradores (2003) resolveram investigar não tanto o que as crianças "veem", mas como as crianças, em primeiro lugar, entendem a fotografia. Câmeras descartáveis foram distribuídas para 180 crianças em cinco países da Europa, para três faixas etárias (7, 11 e 15). As crianças tiveram um fim de semana para fotografar o que quisessem e depois foram entrevistadas sobre as suas fotografias. Alguns resultados podiam ser previsíveis. Por exemplo, as crianças mais jovens tendiam a fotografar brinquedos e outros pertences, ao passo que as mais velhas demonstravam preferência por grupos de amigos. Da mesma forma, as crianças mais jovens gostavam de suas fotografias em grande parte só pelo seu conteúdo, enquanto as mais velhas demonstravam um gosto crescente pelo estilo e a composição. Entretanto, os pesquisadores também concluíram que as fotografias das crianças não são meramente sua "visão do mundo" mas uma indicação da percepção que têm do seu lugar no mundo, especialmente no que diz respeito a parentesco e relações de amizade. Uma descoberta foi que as crianças eram, em geral, "depreciadoras" das fotografias dos adultos e consideravam o uso da fotografia por seus pais como um indicativo de seu poder de adultos.
>
> Em outro estudo, Mizen (2005) deu câmeras baratas a 50 crianças e pediu-lhes para compilar um "diário fotográfico" de sua experiência de trabalho. Isso constituiu um elemento de uma investigação do trabalho infantil na Inglaterra e no País de Gales (entre as idades de 13 e 16 anos, as crianças podem ser legalmente empregadas naquilo que é chamado de "trabalho leve", que não afeta a atividade escolar nem a saúde). As câmeras foram introduzidas mais ou menos na metade de um período de um ano de pesquisa qualitativa, durante o qual as crianças já vinham mantendo diários escritos, concedendo entrevistas para pesquisadores e assim por diante. Um dos objetivos do projeto, que justificava especialmente o uso de câmeras, era descobrir "o que as crianças tinham a nos dizer sobre o seu trabalho (mais do que) a preocupação comum de pesquisadores com o que o trabalho tem a dizer sobre as crianças" (Mizen, 2005, p. 125). Não foi surpreendente, considerando que as próprias crianças eram os fotógrafos, haver poucas imagens de crianças realmente trabalhando, e de fato havia muito poucas fotos de pessoas em geral (incluindo empregadores e colegas de trabalho). O que as imagens mostraram foi a característica do trabalho das crianças, por meio da documentação de seus locais de trabalho.
>
> Mizen lembra que não há estudos que tenham observado diretamente crianças no trabalho nas "economias afluentes do Norte", de forma que as fotografias permitem a ele e seus copesquisadores acesso direto à estrutura, à forma e ao conteúdo do
>
> *(Continua)*

> *(Continuação)*
>
> trabalho, mas mais especificamente ao envolvimento das crianças com o trabalho. Em especial, Mizen afirma que embora por volta de 5% das fotografias mostrassem os empregadores, eles eram uma presença invisível (em várias ocasiões eles tinham pedido às crianças para parar de tirar fotografias), e as relações com empregadores tornaram-se um tema de pesquisa que subsequentemente foi desenvolvido com as crianças em entrevistas. Assim, embora tanto Sharples e colaboradores quanto Mizen tenham tido agendas de pesquisa bem diferentes e empregado formas bem diferentes de análise subsequente (Sharples e colaboradores usaram dois tipos de análise bastante formalistas: ver Capítulo 3), o uso da mesma metodologia visual produziu resultados muito semelhantes a respeito das relações de poder entre crianças e adultos.

A segunda corrente de pesquisa visual gira em torno da coleta e do estudo de imagens produzidas ou consumidas pelos sujeitos da pesquisa. Aqui o foco do projeto de pesquisa é mais obviamente visual, e os sujeitos de pesquisa têm, de forma mais evidente, uma conexão social e pessoal com as imagens. No campo, o pesquisador vai passar tempo com os sujeitos assistindo televisão ou folheando revistas, observando enquanto eles gravam cerimônias de casamento em vídeo ou tiram fotografias de festas de aniversário de crianças. De volta ao escritório, ela vai transcrever notas de entrevistas sobre os programas de televisão assistidos ou estudar cópias das fotografias que eles tiraram. Esses métodos estão enraizados nas próprias mídias visuais e no envolvimento dos sujeitos de pesquisa com essas mídias. Apesar das dificuldades, é provavelmente mais necessário para o pesquisador publicar e disseminar seus resultados visuais nessa corrente de pesquisa.

Em resumo, essas duas correntes podem ser contrastadas, por um lado, como uso de imagens para estudar a sociedade e, por outro, como estudo sociológico de imagens. As metodologias para os dois conjuntos são examinadas no Capítulo 4, embora ali se enfatize mais a criação da imagem no estudo da sociedade, enquanto no Capítulo 3 são consideradas várias estratégias analíticas para o estudo de imagens da sociedade.

As duas correntes não são mutuamente exclusivas nem esgotam toda a pesquisa visual no âmbito das ciências sociais. Em qualquer uma das abordagens, dependendo do projeto, o pesquisador social vai continuar conduzindo levantamentos, entrevistando sujeitos, coletando histórias de vida e assim por diante. A primeira corrente - a criação de imagens como apoio ao estudo da sociedade - talvez seja a mais antiga. A fotografia vem sendo usada para documentar, enquanto os diagramas, para representar o conhecimento sobre a sociedade desde os primórdios da sociologia e da antropologia moderna no século XIX. A última corrente – o estudo sociológico de imagens – ficou mais forte na segunda metade do século XX, com a ascensão dos estudos de cinema, os estudos de mídia e comunicação e uma história da arte mais sociologicamente informada. No entanto, nos últimos anos, surgiu uma terceira corrente que abrange as outras duas. Trata-se da criação e do estudo da imagem colaborativa, o que é feito em projetos nos quais o pesquisador social e os sujeitos de estudo trabalham juntos, tanto com imagens preexistentes como na criação de novas. Esse desenvolvimento é informado por mudanças fundamentais na epistemologia da ciência social, às vezes chamadas de "a virada pós-moderna". O desenvolvimento histórico dessas correntes e os conhecimentos teóricos correspondentes que as sustentam são descritos de forma mais detalhada nos próximos dois capítulos.

PLANEJAMENTO E EXECUÇÃO DE UM PROJETO DE PESQUISA VISUAL

Quando os pesquisadores sociais tiverem chegado ao fim deste livro, junto com os outros volumes desta *Coleção* (especialmente Flick, 2007a; Gibbs, 2007) e quaisquer outros trabalhos sobre pesquisa quantitativa e qualitativa considerados relevantes, eles deverão ser capazes de construir um projeto de pesquisa inovador e plenamente justificável, bem como capazes de executá-lo em tempo hábil e conforme o orçamento até a divulgação final dos resultados. Em linhas gerais, construir um projeto envolvendo métodos visuais não é diferente de preparar e executar qualquer pesquisa proposta, embora o emprego de todo método visual a ser usado, evidentemente, necessite de justificação e atenção especial.

A ESCOLHA DO MÉTODO

Em geral, não é uma boa ideia começar a planejar um projeto de pesquisa com um determinado método em mente e depois procurar um objeto empírico para testá-lo. Da mesma forma, geralmente não é indicado começar com um objeto e depois pensar em um método ou uma série de métodos para investigá-lo (embora na prática muitos projetos de pesquisa comecem a existir dessa maneira). O ideal seria formular intelectualmente um problema, depois considerar o objeto adequado ou o contexto empírico para a investigação, e então considerar quais métodos dentro daquele contexto têm maior probabilidade de produzir dados dirigidos ao problema. Duvido que todos os pesquisadores sociais concordem comigo nesse ponto e, de fato, em minha experiência, a maior parte da pesquisa social independente começa com uma questão substantiva concreta (ver também Flick, 2007a, 2007b).

Por exemplo, um pesquisador pode estar interessado em por que os meninos britânicos adolescentes de origem afro-caribenha não têm desempenho tão bom em educação formal quanto seus colegas brancos. Ele pode ter sido levado a essa questão por sua própria experiência anterior, por uma matéria de jornal ou por algum outro meio. Uma investigação que começa e acaba com essa pergunta e sua resposta é, para ser honesto, de valor limitado, por mais bem executada que seja a pesquisa. Por trás da questão há um ou vários problemas sociológicos mais gerais dos quais esta é apenas uma instância concreta. Um desses problemas pode ser: a desigualdade dentro da sociedade é estruturada e sedimentada pelas instituições sociais ou ela é o efeito cumulativo de pequenos atos de agência social? Com essa questão em mente, o estudo de diferenciais no desempenho escolar de meninos agora torna-se muito mais amplo, na verdade ao ponto de metodologias visuais poderem ser vantajosamente empregadas. Por exemplo, meninos – e meninas – poderiam receber câmeras descartáveis para fotografar os lugares em casa, na rua e na escola onde se sentissem mais "livres"; ou poderia-se pedir aos alunos que assistissem e depois comentassem alguns filmes de ação de Hollywood que mostram personagens heroicos reagindo à sociedade ou lutando contra a injustiça, e assim por diante. Afirmo no Capítulo 6 que a pesquisa baseada em imagem frequentemente estimula a serendipidade investigativa, o seguimento de uma linha de investigação que não poderia ser prevista no desenho original do projeto de pesquisa. Seguir tais linhas, no entanto, só pode ser produtivo se os parâmetros intelectuais forem suficientemente amplos para abrangê-las, daí a necessidade de um problema sociológico geral subjacente ao problema de pesquisa específico.

Assim, a conexão entre a abstração intelectual, o cenário particular e os métodos apropriado devem ser defendidos. Mesmo em pesquisa contratada e relacionada a políticas públicas, que é sempre mais conduzida por problemas do mundo real (p. ex., o fracasso escolar) do que por busca intelectual (p. ex., o equilíbrio entre estrutura e agência), ela é importante. Basta dizer que, se as condições empíricas acabarem não sendo as esperadas ou se, por alguma razão, a pesquisa não puder ser executada conforme o planejado, o problema intelectual subjacente pode ser revisto para fornecer outro caso de teste empírico. Mais profundamente, sem um ponto de origem em um corpo teórico e de abstração intelectual (mesmo se localizado ali após o evento), os resultados e a produção de qualquer estudo específico são difíceis de levar adiante ou generalizar – na verdade, sua própria significação pode ser opaca. Embora isso possa parecer simplesmente uma defesa da pesquisa imaculada ou livre de problemas e da integridade e independência intelectual, há consequências metodológicas na prática. Por exemplo, muitos filmes chamados de etnográficos, produzidos como uma maneira de investigar a vida social de outra sociedade, parecem não ter qualquer base intelectual interna, nesse caso, a disciplina da antropologia social. Consequentemente, poucos antropólogos sociais que já não gostam de filme estarão preparados para valorizar essa contribuição para a disciplina.

Em algumas disciplinas das ciências sociais, estabelecer bases intelectuais e depois decidir sobre o contexto empírico para a investigação resulta na criação de uma hipótese que pode então ser testada (p. ex., a participação de eleitores em eleições é correlacionada ao estado da economia, de forma que menos pessoas votam quando a economia está forte*, ou a exposição prolongada à violência na televisão durante a infância faz com que mais pessoas se tornem mais violentas na idade adulta). Nesses casos, a escolha de metodologias de pesquisa geralmente é apoiada em prática anterior e em testes comprovadamente confiáveis. Em outras disciplinas das ciências sociais – inclusive a minha de antropologia social – considera-se que o quadro de criação e teste de hipótese obstrui o processo de pesquisa cedo demais e não dá espaço para correlações imprevistas ou simples serendipidade. Aqui, o programa de pesquisa é ditado por uma questão de pesquisa mais vagamente formulada do que uma hipótese formal (p. ex., por que as pessoas se dão ao trabalho de votar? ou qual é o papel da memória social na avaliação de programas de televisão como "violentos"?) e consequentemente a escolha do método fica mais aberta, respondendo às mudanças de rumo da pesquisa. De um modo mais crítico, o pesquisador pode também questionar: essas perguntas são feitas no interesse de quem? A quem beneficia perguntar por que as pessoas não votam, ou o que constitui violência em primeiro lugar? Em tais contextos de pesquisa, a escolha de método consequentemente fica mais aberta, e uma variedade de métodos pode ser posta em prática em um espírito de investigação desinteressada.

Em geral, as metodologias de pesquisa visual tendem mais ao exploratório do que ao confirmatório. Ou seja, as metodologias visuais não são tão empregadas como método de coleta de dados de dimensão e forma predeterminadas que vão confirmar ou refutar uma hipótese previamente postulada, mas sim como método destinado a levar o pesquisador a esferas que ele pode não ter considerado e em direção a descobertas que não tinham sido previstas.

ALGUMAS QUESTÕES PRÁTICAS

Com essas discussões em mente, agora a construção de um programa de pesquisa que empregue métodos visuais pode prosseguir. Assim que se chega a uma hipótese ou questão de pesquisa, que sua conexão com um corpo de

---

* N. de R.T. O contexto desse exemplo é a não obrigatoriedade do voto nos Estados Unidos.

teoria mais amplo é compreendida e que uma área de investigação empírica específica é identificada, as questões de orçamento, cronograma, ética e metodologia de pesquisa precisam ser tratadas, e é preciso considerar a divulgação e publicação dos resultados. Vários métodos visuais e formas de divulgação são discutidos em capítulos posteriores, assim como a ética, mas alguns pontos relativos a orçamento e cronograma devem ser mencionados desde o início. As considerações orçamentárias devem incluir não apenas o custo de materiais (filme, mídias, baterias, cartões de memória para câmeras digitais, etc.), mas também os custos – às vezes inesperados – associados à distribuição (cópias de fotografias em retribuição a sujeitos de pesquisa, CDs, DVDs ou fitas virgens, mais custos postais, para distribuição de metragens de filme ou vídeo). Os custos de cópias fotográficas podem ser muito altos especialmente se o pesquisador planeja ou se envolve com uma exposição de fotografias como parte do processo de pesquisa (ver a discussão do trabalho de Geffroy na França, no Capítulo 5).

O fato de tais custos nem sempre serem previstos está relacionado com meus comentários iniciais sobre a onipresença de imagens na sociedade. Suspeito que poucas pessoas que já foram alvo de um projeto de pesquisa acadêmico ficariam felizes em receber uma cópia de artigo acadêmico que circula no meio profissional, e menos ainda solicitariam uma cópia ao autor. Por outro lado, a maioria das pessoas que foram filmadas, fotografadas ou registradas em vídeo para um projeto de pesquisa visual fica muito satisfeita quando recebe cópias, e algumas delas de fato as solicitam com entusiasmo. Por que será que isso acontece, considerando que a palavra escrita é tão onipresente quanto a imagem visual, pelo menos em algumas sociedades? A resposta é mais completamente examinada no Capítulo 5, mas está relacionada ao que algumas pessoas chamam de polivocalidade das imagens, sua capacidade de permitir múltiplas leituras. Para um pesquisador em estudos comportamentais, uma fotografia tirada de dois idosos gesticulando enquanto conversam no banco de uma praça é uma evidência de variação étnica em comunicação não linguística e uma peça de evidência importante em seu relatório de pesquisa. Para a sobrinha de um dos homens, é uma cara lembrança do recentemente falecido Tio Luigi com seu grande amigo Jô. A sobrinha pode muito bem estar interessada em ler que "para reforçar seu argumento, o sujeito A (um idoso ítalo-americano) gesticula, levando o punho direito fechado à palma aberta da mão esquerda, enquanto o sujeito B (um irlando-americano) observa", mas é muito improvável que ela emoldure a página do artigo e a coloque no alto da lareira.

É menos provável que agendamentos do projeto de pesquisa façam parte das demandas dos sujeitos de pesquisa, embora o pesquisador com a câmera de vídeo deva estar preparado para atender pedidos de filmagem de cerimônias de casamento, festas de aniversário de crianças e coisas assim. O mais provável é que se subestime o tempo necessário para ver, transcrever e analisar as imagens produzidas ou coletadas ao longo da pesquisa. Um problema imediato é que não existe um sistema de catalogação ou classificação para imagens fixas ou em movimento usado universalmente, e não há muito a ser feito atualmente no sentido de reconhecer imagens por computador.[2] Isso significa que a maioria dos pesquisadores acaba indexando seu material visual à mão e em um sistema montado por eles mesmos, que normalmente precisa ser revisto várias vezes ao longo do caminho. Uma discussão mais detalhada sobre esses procedimentos pode ser encontrada no Capítulo 5.

CONCEITOS E TERMOS ESSENCIAIS

Embora haja um glossário disponível no final deste livro, a pesquisa visual emprega um grande número de termos especializados, termos muitas vezes em uso na linguagem cotidiana mas com um aspecto distinto que deve ser examinado mais de perto. Como acontece em grande parte da linguagem analítica nas ciências sociais, muitos termos têm um significado literal em outros contextos, mas são empregados metaforicamente. Todavia, é sempre bom relembrar de vez em quando o significado literal.

AGÊNCIA

O significado desse termo é geralmente entendido nas ciências sociais como a capacidade de uma pessoa de agir sobre uma outra, ou de influenciar um conjunto de relações sociais como resultado de tal ação, e ele é tipicamente invocado no âmbito das discussões de poder. A relação entre a agência de uma pessoa e as estruturas que restringem a expressão totalmente livre dessa agência (estruturas como um quadro legal, o sistema educacional, relações de parentesco ou "tradição") forma uma das áreas centrais de investigação dentro das ciências sociais modernas. Embora o termo seja normalmente limitado a agentes humanos, alguns antropólogos e outras pessoas atribuíram agência a objetos: na área da pesquisa visual, isso é resumido de forma mais clara pela pergunta provocadora de Mitchell: "O que as imagens realmente querem?" (1966, citado em Edwards, 2001, p. 18). Enquanto alguns, especialmente em estudos de ciência e tecnologia, parecem escrever e construir teoria como se os objetos realmente estivessem dotados de agência (ver Latour, 1991, para um exemplo), a maioria tende a usar o termo mais metaforicamente ou, seguindo o antropólogo da arte Alfred Gell, que considera a transferência da agência das pessoas para os objetos ("agência secundária", ver Gell, 1998). Um objeto, como uma fotografia ou uma obra de arte, leva-nos a fazer coisas (como ofertar lances altos em um leilão para adquiri-lo) porque esta é a intenção de seu criador ou proprietário ou outros associados ao objeto ou, mais sociologicamente, porque um nexo de relação social humana imbui o objeto com ação agenciadora, a despeito dos desejos de qualquer indivíduo em particular. Partindo da idéia de que as imagens, seja por elas mesmas, seja como ferramentas de outros indivíduos, têm agência, segue-se, portanto, que as imagens efetivamente "agem". A ação que as imagens desempenham ou não é relevante, por exemplo, para a discussão do uso da fotografia nas tentativas de entender o sistema de castas indiano, discutido no próximo capítulo (na seção sobre os primeiros usos da fotografia).

DADOS

Embora o termo seja normalmente associado a uma versão de ciência social mais positivista do que a que me deixa confortável, é um termo taquigráfico conveniente. Eu o uso no livro todo simplesmente para indicar os objetos de interesse sociológico. De uma perspectiva mais positivista, os dados já estão "disponíveis" aguardando para serem descobertos, enquanto de um ponto de vista mais interpretativista os dados passam a existir por meio do processo investigativo; de qualquer maneira, eles são todos dados. Neste livro, o termo simplesmente denota as imagens visuais e outras coisas que são identificadas, criadas ou reificadas pelos processos de pesquisa social em objetos que podem ser manipulados, tabulados, comparados uns aos outros e assim por diante, independentemente de seu *status* ontológico. Posto de outro modo, objetos visuais como as fotografias podem ser considerados dados em si mesmos ("43% das imagens na coleção são negativos em chapas de vidro") ou fontes de dados ("em 43% das imagens os homens estão envolvidos em atividades agrícolas"). Para quem tiver inclinação menos positivista, o último significado é mais problemático porque tem relação com uma interpretação de conteúdo (a *narrativa* interna, ver abaixo), por mais aparentemente objetivo ou óbvio que seja. A primeira compreensão é mais fácil de aceitar, por referir-se à realidade física do objeto, o aspecto mais básico de sua narrativa externa. (Ver também o Quadro 2.1 no Capítulo 2.)

DOCUMENTÁRIO

Embora hoje o termo seja aplicado rotineiramente à maioria, se não a todos, os tipos de filmes de não ficção e alguns tipos de fotografia fixa, em geral ele é associado aos filmes do cineasta britânico John Grierson e sua missão, do final da década de 1920 em diante, de "dramatizar problemas [sociais] e suas implicações de uma maneira significativa [que iria] guiar os cidadãos através da selva" de incerteza e mudança social, como afirma Erik Barnouw (1983, p. 85). Em outras palavras, um filme documentário – ou *corpus* de fotografias documentárias – não é meramente um documento neutro ou registro de coisas que aconteceram diante da câmera, mas uma *representação* (ver abaixo) daquelas coisas, pessoas e eventos destinados a explicar a sociedade e seus processos a seus cidadãos.

FIGURA/FUNDO

Em belas-artes ou em avaliação descritiva de imagens, a figura é o objeto principal de, digamos, uma pintura (p. ex., um vaso de flores ou uma tigela de frutas em uma natureza morta), e o fundo é mais ou menos todo o resto (que na arte clássica representacional europeia normalmente é o pano de fundo – montanhas, edifícios, árvores, etc., embora não necessariamente). Menos literalmente, no entanto, os termos também são usados para explorar a relação entre as coisas que parecem significativas e aquelas que parecem incidentais, além da questão de até que ponto a figura só obtém significado por sua relação com o fundo (na psicologia da *gestalt*, por exemplo). Na psicologia da percepção, um caso clássico é o simples esboço em preto e branco – ilusão de ótica conhecida pela maioria das crianças, que pode ser visto ou como a silhueta de dois rostos de perfil, face a face, como se estivessem conversando, ou como uma forma elaborada de vaso, dependendo de qual, o preto ou o branco, é atribuído o valor de "figura" e a qual o de "fundo".

MOLDURA/ENQUADRAMENTO/QUADRO[*]

Há dois usos literais que podemos encontrar: (i) a moldura física, material, na qual um retrato é colocado quando, por exemplo, se escolhe uma moldura adequada para expor as fotografias tiradas durante a pesquisa de campo, ou talvez quando se considera a moldura usada como suporte de uma foto de família ou de um retrato memorial que um informante está discutindo no decorrer de uma entrevista; (ii) quando se olha pelo visor de uma câmera para enquadrar uma cena, ou quando se considera o enquadramento que outro fotógrafo seleciona para uma foto. Esses usos do termo se referem a questões relativamente práticas, embora especialmente, no último caso não deixe de ter importância teórica e analítica. É mais comum os pesquisadores encontrarem o termo em um sentido mais metafórico. Os sociólogos às vezes falam do "quadro de pesquisa"

---

[*] N. de T. Três acepções, em língua portuguesa, para um mesmo termo em inglês: *Frame*.

para indicar o que deve, e o que não deve ser incluído na investigação. Por exemplo, uma investigação sobre a correlação entre desempenho escolar de crianças e renda familiar provavelmente não consideraria o número do sapato uma variável significativa e, portanto, não o incluiria no quadro de pesquisa. No entanto, na Euro-América contemporânea, a escolha e o acesso das crianças a certos nomes de marca de calçados (esportivos) podem ser significativos e provavelmente deveriam ser incluídos no quadro de pesquisa (Nike ou Adidas?). Na pesquisa visual, o quadro inicialmente parece ser o quadro em torno da imagem como publicada ou experienciada, mas a investigação suplementar muitas vezes mostra que o quadro precisa ser consideravelmente ampliado. Isso pode ser tomado tanto no sentido literal – o que *não* é mostrado, logo além do quadro da imagem vista? – quanto no sentido metafórico – que fatores sociais e sociológicos influenciam o quadro fotográfico selecionado? As investigações da pesquisa orientada para a narrativa externa de uma imagem (ver abaixo) muitas vezes amplia consideravelmente o quadro.

NARRATIVA

Em sua acepção mais ampla, o termo refere-se à organização intencional de informação aparentemente apresentada dentro de – para nossos propósitos – uma imagem ou sequência de imagens. Mais estritamente, e derivando do uso tanto em discurso acadêmico como não acadêmico, ele se refere à "história" contada por essas imagens. Nesse ponto, é preciso realçar a especificidade cultural: nem todas as culturas reconheceriam a ordenação lógica de eventos que faz uma "boa" história para os euro-americanos. As estruturas narrativas são estabelecidas e compreendidas por convenção e não são inatas ou universais. Neste livro, todavia, como em outros (p. ex., Banks, 2001), eu tomo a significação mais ampla do termo, mas faço a distinção entre dois tipos de narrativa – narrativa interna e narrativa externa. A narrativa interna de uma fotografia, por exemplo, pode ser tratada com a simples questão: "Esta é uma fotografia de quê?" (resposta, de modo descritivo: um gato, uma mulher, um homem com um revólver; mas, mais interpretativamente, também: meu bichinho de estimação, minha esposa, um assassino). A narrativa externa é a história contruída pela resposta de questões como: "Quem bateu essa foto?", "Quando ela foi batida?", "Por que ela foi batida?" Embora algumas indicações para ajudar a construir a narrativa externa de uma imagem possam advir da própria imagem, na maioria das vezes a narrativa externa é construída pela investigação em outros lugares: em resumo, considerando a imagem como um nodo ou um canal em uma rede de relações sociais humanas. Um tal exercício amplia o *quadro* (metafórico) da imagem (ver acima) para considerar pessoas e eventos que podem se estender muito além dela no tempo e no espaço.

OCULARCENTRISMO

Este termo peculiar refere-se ao aparente favorecimento da visão em detrimento de todos os outros sentidos na sociedade ocidental contemporânea (e progressivamente em outros lugares). A importância da visão como uma maneira de conhecer o mundo está associada com a ascensão da modernidade e subsequente pós-modernidade, em parte por causa do volume massivo de imagens que nos cerca nesses períodos (revistas, televisão, painéis publicitários, etc.) e em parte porque, como o sociólogo francês Michel Foucault observou, a visão tornou-se uma ferramenta e um meio pelo qual o poder é exercido na sociedade. Seu exemplo mais famoso, e também muito citado e utilizado desde então, é o panóptico, o projeto para uma prisão do século XVIII na qual os carcereiros podem ver todos os prisioneiros, mas não podem ser vistos por estes (ver Capítulo 3). Para alguns pesquisadores, o ocularcentrismo é apenas um termo descritivo, moral e socialmente neutro; para outros ele é implicitamente um termo de crítica, associado à perpétua vigilância da vida moderna na forma de câmeras de TV de circuito fechado em cada esquina (ver também Rose, 2001, p. 9). Para o pesquisador social interessado em visualidade (a construção social e o uso da visão), é irônico que as ciências sociais, como a maioria dos outros ramos de estudo acadêmico, sejam profundamente logocêntricos, preferindo a palavra às imagens para mostrar seus resultados.

PERSPECTIVA

Mais uma vez, este é um termo com um significado técnico (como em "perspectiva com ponto de fuga" na regra de composição em pintura e desenho técnico) e também de uso mais eventual e metafórico no dia a dia, que é constantemente invocado nas ciências sociais, inclusive na pesquisa visual. Uma razão para incluí-lo aqui nesta lista é que seu uso normalmente envolve um agente que sabe e que vê - alguém de cuja perspectiva algo é observado.

REFLEXIVIDADE

Descrita de forma mais completa no Capítulo 3, uma abordagem reflexiva em pesquisa social implica uma consciência do papel do próprio pesquisador no processo de pesquisa (nas palavras de Becker, 1998, "como pensar sobre sua pesquisa enquanto você a está fazendo"). Isso pode variar desde uma consciência mínima de seus próprios vieses e subjetividades até um quadro autobiográfico completo para a pesquisa. O modo de investigação e o tipo de dados considerados influenciam o nível de reflexividade até um certo ponto. Por exemplo, uma análise de imagens públicas usadas em publicidade pode exigir que o pesquisador confronte sua própria subjetividade – como homem, pai, consumidor e assim por diante – mas provavelmente apenas em um grau mínimo, se tanto. Por outro lado, um projeto envolvendo a criação e análise subsequente de um vídeo da comunidade pode exigir um exame cuidadoso da relação do pesquisador com a comunidade envolvida, relação esta que terá conotações de acordo com sua idade, sexo, classe social e assim por diante.

REPRESENTAÇÃO

Este é um termo predominante em grande parte da literatura sobre o visual, tanto em textos sociológicos quanto de outras disciplinas, como história da arte. O ponto central, no caso da representação visual, é que a coisa vista – a representação – é uma coisa por si só, não uma mera substituta para a coisa não vista, a coisa representada. Como Elizabeth Chaplin, entre outros, observa, uma representação (visual) tem três propriedades adicionais: sua forma não é ditada somente, ou mesmo de modo algum, pela coisa representada, mas por um conjunto de convenções ou códigos (a *perspectiva* com ponto de fuga, por exemplo, permite que uma cena tridimensional seja representada em duas dimensões, mas apenas para quem vê a cena e compreende a convenção); ela reflete, constitui e está integrada nos processos sociais (então, por exemplo, a pintura bidimensional de uma paisagem pode refletir e, assim, representar a riqueza e as aspirações do dono de terras que a encomendou); e finalmente, a representação tem algum tipo de força intencional por trás dela (ver *agência*, já descrito) e pressupõe que alguém que vê ou um consumidor (p. ex., a pessoa que vê a pintura da paisagem) esteja impressionado, ou mesmo perplexo, com a riqueza do dono e por ele possuir tal maravilha (Chaplin, 1994, p. 1). Entretanto, como Chaplin também observa, termos como "representação", "pintura", "imagem" e assim por diante são muitas vezes usados de forma livre na literatura, sendo aconselhável que os leitores estudem o contexto no qual o termo é usado a fim de avaliar a pretendida especificidade do significado (Chaplin, 1994, p. 183).

ORGANIZAÇÃO DESTE LIVRO

Os capítulos subsequentes deste livro estão organizados da seguinte maneira. O Capítulo 2 esboça rapidamente a história dos métodos visuais em várias disciplinas das ciências sociais e indica alguns momentos fundamentais; inicialmente popular no final do século XIX, o uso metodológico de imagens fixas e em movimento perdeu gradualmente sua popularidade à medida que os pesquisadores passaram a usar metodologias consideradas por eles mais robustas e descobriram que as imagens eram muito menos maleáveis do que tinham imaginado. Foi apenas nas últimas décadas do século XX que o poder expressivo das imagens começou a ser visto como uma maneira de enriquecer a análise sociológica. O objetivo do capítulo é indicar que há pouco de novo no atual entusiasmo pela pesquisa visualmente orientada e que o conhecimento das tentativas anteriores pode oferecer um sólido quadro de referência.

O Capítulo 3 examina algumas das atuais abordagens analíticas ao estudo de materiais visuais, enquanto o Capítulo 4 esboça um certo número de métodos recentes de pesquisa de campo adequados à pesquisa visual. Embora ao longo de um autêntico projeto de pesquisa social um pesquisador normalmente vá primeiro coletar (ou gerar) materiais visuais (ou "dados") para subsequentemente analisá-los, tenho um bom motivo para colocar o capítulo da análise antes do capítulo sobre métodos. Basta lembrar que hoje a maioria dos pesquisadores reconheceria que não existe nada que possa ser chamado de coleta de dados imparcial. No mais básico ou fraco nível, a intencionalidade humana – a decisão de um pesquisador de conduzir uma investigação – pressupõe algum tipo de posição epistemológica anterior. Com mais força, todos os pesquisadores provavelmente têm em mente algum tipo de intenção teórica ou analítica antes de executar a pesquisa. Consequentemente, é necessário examinar essas intenções antes de começar de fato a investigação e, consequentemente, o Capítulo 3 precede o Capítulo 4.

O Capítulo 4 é dividido em três seções principais nas quais os métodos de pesquisa de campo visual descritos tornam-se progressivamente mais ativos e engajados. Após uma introdução breve, a primeira seção considera métodos que geralmente utilizam imagens encontradas, ou preexistentes, como o de foto-elicitação. A seção seguinte considera questões metodológicas que surgem quando os pesquisadores sociais criam suas próprias imagens, fazendo filmes etnográficos, por exemplo. A seção final passa a considerar uma variedade de estratégias colaborativas, nas quais a linha entre os interesses do pesquisador e os das pessoas em estudo é difícil de ser traçada. O capítulo é concluído com uma discussão da ética na pesquisa visual. Essa sessão poderia talvez ter sido colocada em qualquer parte do livro e, sem dúvida, as preocupações éticas permeiam todos os aspectos do processo de pesquisa, do planejamento inicial ao relatório final, indo além dele. Contudo, faz sentido colocá-la no capítulo central, para enfatizar a centralidade da questão.

O Capítulo 5 faz o caminho de volta do campo para a academia e considera as formas como a pesquisa visual é apresentada. O "público" é uma consideração importante para um pesquisador, quase tão importante quanto a própria pesquisa, pois se o trabalho for mal apresentado ou errar a definição de seu público-alvo, grande parte do esforço de pesquisa terá sido desperdiçado. O capítulo considera dois públicos importantes – os colegas de profissão e os próprios sujeitos de pesquisa – para depois considerar o valor dos sistemas informáticos que podem ajudar a transpor algumas das dificuldades encontradas na apresentação visual dos resultados de pesquisa.

O capítulo final retoma algumas das questões levantadas na introdução a respeito da robustez das metodologias de pesquisa qualitativa, especialmente as metodologias visuais.

IMAGENS DO LIVRO

Este livro contém apenas um pequeno número de imagens. Eu poderia ter incluído muitas outras – talvez quase uma para cada frase em algumas partes do texto –, mas também pensei em não incluir nenhuma. Até certo ponto as imagens introduzem material que pode ser (visualmente) estranho para muitos leitores, e a principal finalidade delas é servir de ilustração, como uma "porta de entrada" visual para alguma argumentação do texto, e não como "dados" a serem analisados. A relação entre imagem e texto é discutida no Capítulo 5, mas depois de ler este livro eu espero que o leitor dirija um olhar crítico a todos os textos ilustrados que encontrar, tanto acadêmicos como não acadêmicos. Ele deveria se fazer perguntas como: por que estas ilustrações e não outras? Que função essas ilustrações estão desempenhando – elas estão estendendo ou apoiando o texto? O que se situa além do quadro? E, fundamentalmente, que percepções sociológicas essas ilustrações proporcionam?

PONTOS-CHAVE

- As metodologias de pesquisa visual devem ser usadas apenas como parte de um "pacote" mais geral de metodologias de pesquisa, e seu uso deve ser indicado pela própria pesquisa, não apenas porque o pesquisador gosta de tirar fotografias.
- A pesquisa visual pode levar mais tempo do que o esperado e pode envolver custos adicionais; os pesquisadores devem se preparar para isso desde o início.
- Ao planejar um projeto, os pesquisadores devem tentar identificar as questões sociológicas fundamentais que estão por trás da investigação específica; ao mesmo tempo, as metodologias de pesquisa visual são frequentemente usadas de forma exploratória, para descobrir coisas que o pesquisador não havia considerado inicialmente.

☑ LEITURAS COMPLEMENTARES

Folhear um grande número de artigos curtos de revistas especializadas é uma boa maneira de se realizar o reconhecimento do campo. Embora não haja revistas dedicadas especificamente a metodologias visuais em ciências sociais, há várias dedicadas à análise visual, e dar uma olhada nos artigos publicados ajudará a perceber a amplitude de metodologias possível. As principais revistas em língua inglesa são:

Visual Anthropology (Taylor and Francis, ISSN 0894-9468): no âmbito da antropologia sociocultural, publica muitos artigos baseados em pesquisa de campo e pesquisa de arquivos.

Visual Anthropology Review (University of California Press, ISStN 1035-7147): também no âmbito da antropologia sociocultural, mas passando pelos estudos culturais.

Visual Communication (Sage Publications, ISSN 1470-3572): sem uma base disciplinar única, mas com forte ênfase em análise semiótica.

Visual Studies (anteriormente *Visual Sociology*) (Taylor and Francis, ISSN 1472-586X): baseada em sociologia, mas incluindo estudos empíricos com base em pesquisas de campo de uma ampla variedade de disciplinas.

2
O LUGAR DOS DADOS VISUAIS EM PESQUISA SOCIAL: UMA BREVE HISTÓRIA

Objetivos do capítulo

Após a leitura deste capítulo, você deverá:

- ter conhecimento da história do uso da imagem em pesquisa social, especialmente antropologia social e sociologia;
- perceber o alcance e a amplitude de projetos que empregaram a análise de imagem;
- compreender que as imagens não são documentos neutros e transparentes, mas textos construídos.

ESTUDO DE CASO
A. C. Haddon e a representação do passado

Em antropologia e, em menor grau, em sociologia, sempre houve um interesse no passado, inicialmente no sentido de reconstruir as formas sociais passadas de povos estudados, e mais recentemente no sentido de compreender as próprias maneiras desses povos compreenderem o passado (ver, por exemplo, Davis, 1989). Em projetos que empregam métodos de pesquisa visual, no entanto, as duas coisas podem não ser sempre tão claramente distintas.

Em 1898, o biólogo marinho britânico que transformou-se em antropólogo Alfred C. Haddon (ver abaixo, a seção sobre primeiros usos) chefiou uma expedição etnológica às Ilhas do Estreito de Torres, um grupo de ilhas entre o extremo norte da Austrália e a ilha de Nova Guiné. Seu objetivo era registrar os costumes, a linguagem e outras características distintivas dos ilhéus antes do contato europeu, cerca de três décadas antes. A expedição foi significativa por várias razões, mas uma delas foi o uso extensivo da fotografia fixa e o uso mais limitado de uma câmera de cinema – esta uma invenção muito recente.

A sequência de fotogramas acima é uma tomada dos primeiros poucos segundos dos mais ou menos quatro minutos de filme gravado e mostra três ilhéus apresentando uma dança associada a um rito de iniciação. Há duas questões sociológicas importantes a serem observadas: primeiro, o próprio ritual tinha sido abandonado quando os ilhéus se converteram ao cristianismo; segundo, como resultado disso, as máscaras originais tinham sido descartadas muito tempo atrás e aquelas usadas no filme foram feitas de caixas de papelão na noite que precedeu a filmagem. Não há qualquer evidência de que Haddon tenha coagido os ilhéus a fazer as máscaras ou apresentar a dança (embora ele lhes tenha pago), e há alguma evidência de que os ilhéus, mesmo permanecendo fiéis à religião cristã, viram a dança recriada como uma maneira de reatar laços com seu passado e, a partir desse ponto, com seu futuro. De alguma forma, a ação de Haddon facilitou uma pequena mudança das relações sociais nas Ilhas do Estreito de Torres.

Assim, uma metodologia visual aparentemente simples – desempenho social e sua captura pela tecnologia do registro de imagens em movimento como uma forma de trazer o passado ao presente para estudo – é ao mesmo tempo um meio pelo qual o envolvimento das pessoas com o passado, inclusive as ramificações políticas de ação social anterior (neste caso, conversão ao cristianismo), pode ser trazido à tona. Embora haja pouca evidência para sugerir que Haddon tivesse qualquer interesse sociológico nesse último ponto, esse tipo de trabalho de recuperação tem sido feito (ver, por exemplo, os ensaios em Herle e Rouse, 1998). Mais claramente, o exemplo sugere que em qualquer caso em que um pesquisador social solicite para um sujeito de pesquisa desempenhar uma peça de ação social para a câmera – e quero que "desempenho" seja entendido aqui no sentido mais amplo possível – ao mesmo tempo ele abre outra linha de investigação e deve perguntar como o sujeito de pesquisa interage com seus eus históricos ou seus outros eus "alternativos".

☑ INTRODUÇÃO

Tendo considerado no capítulo anterior as possíveis justificativas para incorporar métodos de pesquisa visual a projetos de pesquisa social, o pró-

FIGURA 2.1 (Estreito de Torres) A. C. Haddon (cortesia do Museu de Arqueologia e Antropologia da Universidade de Cambridge/Marcus Banks).

ximo passo lógico pode ser descrever alguns desses métodos. Isto ocorre no Capítulo 4, mas neste capítulo e no próximo eu gostaria de esboçar alguns fundamentos, conceitos essenciais e ideias analíticas essenciais. Embora a importância de deixar claros os conceitos fundamentais e as ideias essenciais deva ser evidente, a necessidade de uma discussão histórica pode parecer menos óbvia. Eu incluo aqui uma breve história por duas razões. Primeiro, quanto mais sabemos sobre o que aconteceu antes, mais bem posicionados estamos para formular ou desenvolver novos métodos que não repitam o que agora podemos admitir que foram erros do passado. Igualmente, há um princípio de economia a considerar: por que reinventar a roda concebendo novas metodologias e abordagens, se todo o trabalho duro já foi feito?

Contudo, há também uma outra justificativa. Da postura analítica levemente reflexiva que adotei neste livro (ver Capítulo 3), é um axioma que nós, como pesquisadores sociais, estamos tão sociológico e intelectualmente posicionados quanto aqueles que procuramos investigar (ver Becker, 1998). Embora algumas disciplinas de ciências sociais sejam de desenvolvimento relativamente recente e, portanto, tenham uma história relativamente rasa, minha própria disciplina de antropologia social tem pelo menos um século e meio de história e desenvolvimento. A força motivadora de qualquer investigação antropológica hoje, junto com os métodos usados e a análise aplicada, reflete implícita ou explicitamente essa história. No conteúdo a seguir, vou me limitar em grande parte aos momentos essenciais ou desenvolvimentos do uso de materiais visuais em antropologia e sociologia, com algumas breves considerações à psicologia. Como estas são as disciplinas mais antigas das ciências sociais, parece razoável presumir que disciplinas mais recentes, como estudos de comunicação de massa e estudos culturais, sirvam-se delas até um certo ponto.

> **QUADRO 2.1 ABORDAGENS POSITIVISTAS E INTERPRETATIVISTAS**
>
> Ao longo deste capítulo e no restante do livro faço referências ocasionais a abordagens "positivistas" ou "interpretativistas" em ciências sociais. Uma abordagem positivista – algumas vezes e mais corretamente chamada de naturalista, e muitas vezes e incorretamente chamada de empirista – é modelada na abordagem das ciências naturais: os dados existem "lá fora", independentemente de observação, e o trabalho do pesquisador é coletá-los e estudá-los, não importando o que os sujeitos que forneceram aqueles "dados" acharam deles, ou de fato até mesmo se eles os reconhecerem, como no caso de dados gerados por levantamentos em grande escala e análises estatísticas (ver Hammersley e Atkinson, 1983, p. 4-6). As abordagens interpretativistas, às vezes também chamadas de construtivistas, que surgiram nas ciências sociais no final da década de 1960, contestaram a ideia de que a ação social humana estava sujeita a leis semelhantes às das ciências naturais que se sustentavam independentemente daquela ação.
>
> Em vez disso, argumentava-se que tanto os participantes como os pesquisadores sociais interpretavam a ação social de acordo com um conjunto mais amplo de contextos e significados. A ação social tal como o comportamento ritual devia ser vista, como afirmou o antropólogo americano Clifford Geertz em uma frase famosa, como uma história que a sociedade se conta sobre si mesma (Geertz, 1973, p. 448). Exatamente porque essa "história" é atuada, não meramente compreendida ou tomada como uma representação mental, significava que os investigadores deviam considerar o "desempenho" completo de ação social – oral, visual, gestual –, incluindo os sentimentos e as emoções das pessoas envolvidas.
>
> Com uma abordagem positivista à pesquisa social parece óbvio que as imagens, ou pelo menos as imagens fotomecânicas como filme e fotografia, têm um pequeno papel a desempenhar. Não se pode, por exemplo, tirar uma fotografia de "classe", "parentesco" ou "economia", ou qualquer outra abstração desse tipo, embora uma fotografia de um casal em suas melhores roupas denote um casamento (ou mais especificamente, Paul e Mary, ou seja quem for, em seu casamento) representando também o significado, seja qual for, que os "casamentos" têm para quem vê a foto (ver Barthes, 1964, para a diferença entre denotação e conotação). Embora alguns pesquisadores defendam com veemência esta ou aquela abordagem (p. ex., "se formos acreditar nos muitos, muitos livros didáticos sobre método de ciência social, o positivismo está vivo e faceiro nas ciências sociais. Não está, ele está morto", Williams, 2002, p. 12), é sensato tratar com precaução as alegações extremas. Este livro advoga uma abordagem em grande parte interpretativista, mas reconhece o valor de certos procedimentos quantitativos que muitas vezes dependem de uma postura naturalista em relação à coleta de dados, por exemplo algumas formas de análise semiótica e de conteúdo (ver Capítulo 3).

USOS INICIAIS DE FOTOGRAFIA EM PESQUISA SOCIAL

A sociologia e a antropologia se desenvolveram (em sua forma profissional) e chegaram à maturidade com a ascensão de técnicas fotomecânicas de produção de imagem – primeiro a fotografia fixa e depois a cinematografia.

A fotografia fixa, com sua aparente verossimilhança, foi rapidamente aliada a vários projetos sociológicos e governamentais destinados a objetificar e, algumas vezes, quantificar diferenças entre pessoas isoladas e entre grupos de pessoas. Na antropologia temos a ascensão da fotografia antropométrica no século XIX; em psicologia, mais ou menos na mesma época – pelo menos na esfera popular – temos os primeiros experimentos para capturar estados mentais; na sociologia, o uso disciplinar da fotografia não é visto até meados do século XX, mas o uso da fotografia para investigar e documentar o bem-estar social data pelo menos da década de 1930.

PRIMÓRDIOS DA ANTROPOLOGIA VISUAL

A fotografia antropométrica foi um projeto intimamente aliado às ideias antropológicas vitorianas a respeito da correlação da evolução social e biológica. Estava claro para os antropólogos vitorianos que as diferentes sociedades com as quais estavam acostumados, tanto na Europa como fora dela, diferiam umas das outras em suas formas de organização social, sua coleção de cultura material e assim por diante. Também estava claro que os membros de algumas sociedades diferiam morfologicamente dos membros de outras, em termos de altura, cor de pele, proporções corporais e assim por diante. Usando ideias pré-darwinianas de evolução biológica, alguns dos primeiros antropólogos tentaram criar tipologias das sociedades humanas em uma escala evolucionária, argumentando que algumas sociedades estavam mais próximas de uma forma original ou "primitiva" de organização social do que outras. Com a rápida propagação da fotografia cresceu a ideia de que podia ser possível correlacionar essas diferenças sociais em termos de diferenças morfológicas individuais.[1] O mais notável expoente desse método foi Thomas Henry Huxley, um biólogo que, na década de 1860, criou um método para fotografar sujeitos das colônias de tal maneira que as imagens de sujeitos do entorno do Império Britânico podiam ser comparadas morfologicamente. Os indivíduos, um homem, uma mulher e uma criança de cada tipo, deviam ser fotografados sem roupa, de frente e de perfil, de pé ao lado de um medidor de altura (Edwards, 2001, p. 137-138). Se isso fosse feito de maneira satisfatória, seria possível ver – e, portanto, em um sentido foucaultiano "saber" – as diferenças entre o que era frequentemente chamado de "raças" da humanidade.

> **ESTUDO DE CASO**
> **Percepção da diferença social na Índia colonial**
>
> Desde seus primeiros encontros com a sociedade indiana, os observadores europeus notaram uma forma de divisão social que parecia não ter contrapartida em coisa alguma encontrada em outros lugares: "casta" (do espanhol e português *casta*, algo não misturado). Inicialmente, o máximo que os observadores puderam fazer para descrever este fenômeno foi comparar castas com "raças" (um termo bastante vago e comum nos séculos XVII e XVIII, destituído das associações biológicas específicas e grosseiramente inexatas dos séculos XIX e XX), sob o argumento de que suas formas de organização social pareciam diferir e que o casamento não era permitido entre elas. Descrições escritas dessas "raças" foram produzidas do século XVIII em diante, mas, cada vez mais, elas vinham ilustradas primeiro com desenhos (de "nativos" em trajes típicos, por exemplo) e depois com fotografias. Por meio da fotografia de "tipos" das casta, esperava-se que os atributos visuais da morfologia corporal, a roupa e os artefatos associados revelassem verdades sociológicas interiores. A fotografia era frequentemente empregada em tentativas acadêmicas e administrativas de julgar as diferenças sociais humanas e, mais do que em qualquer outro lugar, na Índia, onde as fotografias de "tipos" alinhadas lado a lado ajudariam o visitante e estudioso a distinguir entre diferentes tipos de indianos (Pinney, 1997, p. 28-29; ver também Pinney, 1992).
>
> Entretanto, à medida que se aprendia mais e mais sobre a Índia e seus povos, o quadro (literal e metaforicamente) foi ficando mais, e não menos, confuso. Especificamente, por volta do final do século XIX, havia pelo menos duas opiniões europeias distintas sobre a casta indiana. Uma delas afirmava que as castas diferiam umas das outras com base no ofício que os membros de uma casta seguiam de fato ou por tradição, enquanto a outra sustentava que elas eram grupos "raciais", separados por sangue e descendência, cuja vocação ocupacional era incidental. Como Christopher Pinney observa, a fotografia *quasi*-antropométrica (isto é, não necessariamente conforme as rigorosas exigências de Huxley) era utilizada para apoiar ambos os argumentos e, em um desses casos, surpreendentemente, as imagens do mesmo fotógrafo foram usadas em publicações que, segundo Pinney, apoiavam as duas posições antagônicas (Pinney, 1992, p. 168).

Mais ou menos na mesma época em que funcionários coloniais e etnólogos estavam explorando o uso da fotografia como ferramenta para documentar e entender outras sociedades, profissionais e amadores na Europa e na América apontavam a câmera para sua própria sociedade. Dois projetos relacionados estão de modo especial na raiz da psicologia e da criminologia contemporâneas. No final do século XIX, o médico e criminologista italiano Cesare Lombroso defendeu uma teoria de fisiognomia criminal comparando dezenas de fotografias de criminosos presos, procurando, assim, determinar se certas características faciais estavam associadas a certos tipos de atividade criminosa (Lombroso, 1887; ver também Gould, 1981).

FIGURA 2.2 Cartão postal sem data, "Tipos de mulheres indianas. As meninas kashmiri" (fotógrafo desconhecido).

Este foi apenas um entre vários desses projetos em que a câmera era usada para obter conhecimentos adicionais sobre o "mau", o criminoso. O investigador criminal francês Alphonse Bertillon montou na década de 1880 o sistema hoje universal de fotografar criminosos de frente e de perfil, embora nesse caso o interesse fosse mais pragmático, no intuito de ajudar a polícia de Paris a identificar infratores reincidentes. Ao mesmo tempo, surgia um interesse fotográfico semelhante pelo "louco", o insano. Começando com a investigação etológica de Charles Darwin sobre a emoção (1872), que foi ilustrada com fotografias de pessoas demonstrando medo, espanto e assim por diante, vários investigadores tentaram, de maneira semelhante à de Lombroso, determinar a "aparência" da loucura (ver Rose, 1990, citado em Barry, 1995, p. 52). O trabalho de Darwin foi considerado metodologicamente pioneiro no estudo da emoção e da expressão facial (Poignant, 1992, p. 56), embora as avaliações subsequentes de tais projetos, especialmente aqueles envolvendo criminosos e dementes e buscando inspiração em Foucault, sejam frequentemente negativas (mas ver Barry, 1995, p. 51). Peter Hamilton e Roger Hargreaves, no entanto, lembram que essas práticas fotográficas devem ser vistas em contexto: ao mesmo tempo em que a câmera estava capturando e, em certo sentido, criando o louco e o mau ("os malditos"), por exemplo, ela também estava capturando e criando celebridades ("os belos") (Hamilton e Hargreaves, 2001).

SOCIOLOGIA VISUAL E A ADMINISTRAÇÃO DE SEGURANÇA AGRÍCOLA

Como foi observado acima, o uso sistemático de fotografia fixa (ou em movimento) não fez parte do projeto da sociologia até um momento já avançado do século XX. Douglas Harper, por exemplo, argumenta que a "sociologia visual" como subdisciplina não surgiu até a década de 1960 (embora no sentido formal o mesmo possa ser dito da antropologia visual), e os estudos pioneiros das décadas de 1960 e 1970 que ele cita tenham sido inspirados pelo trabalho de fotógrafos documentaristas e não de sociólogos (Harper, 1998, p. 28). Harper argumenta em outro lugar que a ausência do uso de fotografia (supostamente inocente) pela Escola de Chicago, na década de 1920, em suas investigações baseadas em pesquisa de campo, deu o tom para o que viria a seguir – o crescimento subsequente do levantamento – e a pesquisa baseada em entrevistas nada fez para compensar essa ausência de métodos visuais (Harper, 1989, citado em Prosser, 1998, p. 103). A comparação com a antropologia é impressionante. Embora os projetos antropométricos acima descritos tenham saído de moda com relativa rapidez, assim como aconteceu eventualmente com as teorias sociais evolucionárias que parcialmente os justificavam, a antropologia como disciplina tinha começado com imagens e continuou a produzi-las e consumi-las como "ilustrações", mesmo durante as áridas décadas de 1930 a 1960, quando a disciplina foi dominada por preocupações intelectuais, e consequentemente metodologias, para as quais os dados visuais não eram considerados necessários. Alguns dos precursores jornalísticos da sociologia visual pós-Segunda Guerra Mundial citados por Harper, no entanto, são essencialmente sociológicos em propósito, e alguns usaram metodologias bem sistematizadas. O trabalho mais notável é o dos fotógrafos empregados pela Administração de Segurança Agrícola (FSA)* na década de 1930.

A FSA foi criada logo depois da Grande Depressão e da transformação de grande parte da área agrícola do centro-oeste americano em uma bacia de poeira. Como parte de sua estratégia para coletar o máximo de informação possível sobre a situação dos agricultores e fazer tudo para promover a

---
* N. de T. Farm Security Administration.

confiança em tempos de incerteza econômica e social, a FSA comissionou equipes de fotógrafos para documentar a vida rural e das pequenas cidades. O projeto não era sociologicamente uniformizado; como Charles Suchar observa, o sociólogo Robert Lynd (coautor da obra clássica sobre os efeitos da Depressão [Lynd e Lynd, 1937]) ajudou a montar as "pautas fotográficas" usadas pelos fotógrafos da FSA (Suchar, 1997, p. 36). Essas "pautas fotográficas" não eram meramente listas de assuntos que os fotógrafos deviam tentar capturar ("produção de alimentos... colheita, transporte, separação, preparação... operações de campo – plantio; cultivo; irrigação", etc.), mas também proposições de resultado desejado ("Pessoas – *precisamos ter imediatamente*: fotografias de homens, mulheres e crianças que pareçam realmente acreditar nos Estados Unidos [...] Muitos [fotógrafos] entre nós agora pintam os Estados Unidos como uma casa geriátrica e quase todo mundo é velho demais para trabalhar ou desnutrido demais para se importar com o que aconteça"). A sugestão específica de Lynd, todavia, foi além de tais listagens ingênuas e propaganda crua. Por exemplo, depois de uma lista de lugares sugeridos onde "as pessoas" poderiam se encontrar, ele acrescenta, "As mulheres têm tantos locais de encontro quanto os homens? É provável que as mulheres nos níveis de renda mais baixos tenham muito menos oportunidade de se misturar com outras mulheres do que as mulheres dos grupos de renda mais alta". Em outras palavras, uma hipótese sociológica que podia ser testada fotograficamente.[2]

FIGURA 2.3 Meninos assistindo a *Filmes*, 1938, Donaldson, Louisiana (fotografia de Russell Lee, cortesia da Biblioteca do Congresso).

USOS INICIAIS DE FILME EM PESQUISA SOCIAL

Qualquer afirmação de que a antropologia foi uma grande consumidora e produtora de fotografia fixa no final do século XIX e no início do século XX provavelmente precisa de nova pesquisa para verificação. Penso que é inquestionável, todavia, que a disciplina foi – e continua a ser – uma grande consumidora e produtora de filme nas ciências sociais. Embora haja algumas reivindicações ao *status* de precursora (ver exemplos de 1894 em diante listados em Jordan, 1992), o primeiro fragmento de filme antropológico, uma sequência de quatro minutos, foi feito pelo biólogo marinho e antropólogo A. C. Haddon em 1898 nas Ilhas do Estreito de Torres, acima do extremo norte da Austrália (ver estudo de caso no início deste capítulo), apenas três anos depois de a primeira filmadora de cinema portátil ter sido desenvolvida.

Em 1901, o antropólogo Baldwin Spencer já estava filmando danças aborígenes na Austrália, e ao longo de aproximadamente as duas décadas seguintes várias expedições antropológicas foram equipadas com uma câmera filmadora para documentar os hábitos e costumes dos nativos em estudo. Por aquela época, a ligação entre a teoria social evolucionária e a fotografia fixa tinha sido praticamente abandonada, e o ímpeto da produção de filmes antropológicos e, consequentemente, de seu uso como metodologia de pesquisa de campo foi documental e talvez pedagógico. Isso também deu continuidade a uma prática estabelecida com a fotografia fixa, de permitir a circulação de imagens de pessoas e lugares remotos entre estudiosos que pessoalmente jamais visitariam aqueles locais (Edwards discute essa utilidade da fotografia fixa no Capítulo 2 de seu livro *Raw Histories*, 2001). Muitos filmes desse período foram feitos ou distribuídos por museus etnográficos ou em associação com eles e dizem respeito a aspectos de cultura material e embora essa tradição já estivesse extinta no Reino Unido na década de 1930 (bem mais tarde nos Estados Unidos), ela continuou a predominar na tradição europeia do filme etnográfico, especialmente em países de língua alemã e na Europa Oriental, até uma data comparativamente recente.

Na Europa Ocidental e na América aconteceu uma mudança de rumos em 1922, quando o explorador e cineasta americano Robert Flaherty lançou publicamente seu respeitado *Nanook of the North*. Pode-se dizer que *Nanook* "documenta" de certa forma aspectos da vida do povo esquimó (assim chamado naquela época) da Baía de Hudson, Canadá. Contudo, ele fez isso de uma forma conduzida por narrativa, suspense, tensão e resolução – qualidades do cinema ou do teatro, não da antropologia ou da ciência.

Mais do que com a fotografia fixa (pelo menos até recentemente), a produção e o uso de filme em antropologia sempre vacilaram entre dois pólos, o do documentário e o do cinematográfico. Isso pode ser atribuído em grande parte à importância do cinema como forma de entretenimento: com a enorme quantidade e ubiquidade dos filmes comerciais da década de 1920 em diante é difícil acreditar que, desde então, qualquer antropólogo ou cientista social que tenha usado uma câmera de filmar não tenha sido influenciado por tal fenômeno, mesmo que inconscientemente. As sequências curtas de Haddon, filmadas antes de as convenções cinematográficas serem estabelecidas, parecem mais fotografias fixas do que qualquer outra coisa (recentemente um colega, vendo-as pela primeira vez, comparou-as às fotografias mágicas animadas das histórias de Harry Potter nos livros de J. K. Rowling).

Mesmo assim, quando chegamos aos filmes de pesquisa longos e altamente "científicos" como *Kukukuku* ou *A Stone Age People in New Guinea* (1936-1937), da antropóloga de Oxford Beatrice Blackwood (tratando principalmente de cultura material), não estamos olhando um "documento" neutro, mas uma obra planejada e elaborada que tem consciência do ângulo da câmera, do enquadramento e assim por diante. Aí, no entanto, *Kukukuku* parece inocente: ele é filmado em estilo naturalista e quase não é editado. Blackwood, eu não tenho dúvida, estava tentando retratar exatamente a produção do machado de pedra ou do que fosse, cobrindo todos os aspectos do processo da maneira aparentemente mais óbvia possível. Flaherty, ao contrário, em vez de decidir ignorar ou suprimir o potencial dramático do filme, preferiu trabalhar com isso, usando o que tinha sido estabelecido até então como convenção cinematográfica para fortalecer *Nanook* e seus filmes posteriores.

Os antropólogos profissionais foram pioneiros no uso de filme no final do século XIX e início do século XX. No entanto, as dificuldades práticas da produção de filme, principalmente em regiões quentes, úmidas e fisicamente inacessíveis, combinadas com a falta (pelo menos na Inglaterra e na América) de uma forte justificativa intelectual para seu uso como metodologia de pesquisa de campo, significaram que o maior volume de filme "etnográfico" no período anterior à Segunda Guerra Mundial (e certamente depois dela) foi produzido mais por amadores entusiastas do que por antropólogos. A única grande exceção é o trabalho de Margaret Mead e Gregory Bateson em Bali, na década de 1930. Mead tinha uma base intelectual para sua abordagem, a escola de antropologia americana de cultura e personalidade, originária do trabalho do linguista e antropólogo Edward Sapir e fortemente influenciada pela psicologia da Gestalt. A ideia básica era que os elementos da "cultura" estavam organizados em um todo que poderia ser comparado a uma "personalidade", e que por meio de estudos específicos da socialização infantil seria possível ver a transmissão e aquisição dessa personalidade cultural.

Tendo já usado esta abordagem em seu trabalho sobre as sociedades de Samoa e Nova Guiné, jogando com a metodologia antropológica convencional de observação participante, Mead decidiu expandir sua metodologia pelo uso de filme e fotografia fixa. Ao todo, ela e Bateson tiraram mais de 25 mil fotografias fixas (cerca de 750 das quais foram selecionadas para sua publicação principal: Bateson e Mead, 1942) e filmaram mais de 6,7 mil metros de filme 16 mm (equivalentes a aproximadamente 15 horas). As imagens, achavam eles, seriam capazes de transmitir o que as palavras, por inadequadas, não podiam: "as relações intangíveis entre diferentes tipos de comportamento culturalmente padronizados" (1942, p. xii). No próximo capítulo há uma explicação sobre se o projeto foi bem-sucedido ou não, mas o trabalho de Mead e Bateson é uma referência até nos mais breves registros da história da antropologia visual (p. ex., Morphy e Banks, 1997, p. 10-11) ou sociologia visual (p. ex., Harper, 1998, p. 25-26) e adquiriu um *status* quase icônico.

USOS MAIS RECENTES DE FOTOGRAFIA E FILME EM PESQUISA SOCIAL

No Capítulo 4, examino uma grande variedade de usos contemporâneos de métodos visuais em pesquisa social. O propósito dessa seção é simplesmente fazer uma breve avaliação dos avanços significativos do pós-Segunda Guerra Mundial. O mais importante deles é um deslocamento teórico, em pelo menos algumas partes de algumas ciências sociais, que se distancia do positivismo em direção ao interpretativismo. O segundo grande avanço, novamente no final da década de 1960, é o desenvolvimento do vídeo como uma mídia acessível e conveniente, embora apenas a partir da década de 1980 as câmeras tenham se tornado pequenas, leves e acessíveis o bastante para serem usadas por pesquisadores. Que eu saiba, nenhum pesquisador social usava filme 16 mm na década de 1990, embora a mídia continue sendo uma das preferidas dos documentaristas profissionais.

A grosso modo, até o final da década de 1960 a situação descrita no capítulo anterior prevaleceu: os antropólogos continuaram a usar fotografia fixa em seu trabalho, mas principalmente para ilustrar suas palestras e publicações, mantendo a prática de apresentar imagens das pessoas em estudo àqueles que nunca as visitariam e ajudando a retratar esses sujeitos como mais cordiais ou humanos; na sociologia, seguindo o exemplo dos fotógrafos de documentários sociais, alguns sociólogos começaram a usar a câmera fixa para documentar problemas sociais como o uso de drogas e a pobreza (Harper, 1998, p. 28, cita vários estudos). Porém, no mundo do filme, a década de 1960 viu o surgimento de uma geração de praticantes que tinham alguma formação antropológica, ou experiência de trabalho junto com antropólogos, mas que eram também cineastas profissionais. Enquanto pouquíssimos antropólogos continuaram a usar filme por conta própria, muitos outros começaram a trabalhar com cineastas em projetos colaborativos. Em alguns desses projetos, os objetivos de documentação científica e de criação cinematográfica conflitavam e nenhum dos lados realmente apreciava os objetivos do outro. A tensão era ampliada especialmente quando os filmes estavam sendo feitos por ou para companhias de televisão, que traziam de acréscimo o estresse competitivo das expectativas comerciais.

Em outros projetos, no entanto, a colaboração se alimentava das forças de ambos os impulsos para obter grandes resultados. O filme *Imbalu: Ritual of Gisu Manhood*, de Richard Hawkins (1989), sobre o ritual de circuncisão masculina no meio de um grupo na Uganda, é um ótimo exemplo disso. Combinando a pesquisa empírica da antropóloga Susette Heald com as competências cinematográficas de Hawkins (como diretor) e David MacDougall (como operador de câmera), o filme usa um artifício narrativo fascinante (o *voice-over*, narração por um personagem que não é visto) e um trabalho de câmera envolvente e poderoso para mostrar uma detalhada percepção analítica.[3]

A obra que MacDougall e outros passaram a criar na década de 1970 em diante mostrou também o potencial do filme (e da fotografia fixa, ainda que em menor grau até recentemente) para explorar as áreas de investigação social que a antropologia e a sociologia tinham ignorado até então, mas que iam rapidamente ganhando posição de destaque. Com o advento das abordagens interpretativistas, o poder do filme de particularizar, mas também de expressar, veio à tona. Nenhuma quantidade de dados sobre a frequência de cerimônias de fertilidade de mulheres na sociedade maasai (Quênia), ou sobre a idade dos participantes, ou sobre o número de cabeças de gado possuído por homens maasai pode chegar ao cerne das relações de gênero maasai, como faz o filme *The Woman's Olamal*, de Melissa Llewelyn-Davies (1984).

Com o avanço das abordagens interpretativistas e fenomenológicas nas ciências sociais, houve também um distanciamento em relação aos modelos de sociedade derivados da linguagem e da linguística, em direção a estudos orientados para o corpo, a música e a dança, bem como a sentimentos, emoção e memória. As descrições escritas e os métodos de entrevista e de pesquisa podem ir até um certo ponto no sentido de registrar e apresentar tal pesquisa, mas o filme e a fotografia não apenas enriquecem tais estudos como podem dar uma visão que vai além daquela que é possível apenas com meras palavras. Sem dúvida, tais usos de representações visuais geradas pelo investigador não são exclusivamente interpretativistas. Os etnometodólogos, por exemplo, por mais fenomenológico que seja seu modo de análise, geraram e usaram dados visuais de uma maneira essencialmente positivista, por exemplo, ao utilizar câmeras estáticas de vídeo para coletar "dados" capazes de ampliar a análise conversacional (ver Heath e Hindmarsh, 2002) - e as áreas de pesquisa como a proxêmica e a *coreometria* (ambas relacionadas ao movimento e posicionamento do corpo humano no espaço), desenvolvidas a partir da década de 1960, não eram particularmente interpretativistas nem na criação de imagens visuais nem em sua análise (ver Lomax, 1975; Prost, 1975). Os desenvolvimentos pós-1960 em psicologia e psicoterapia também usaram cada vez mais a fotografia de uma maneira mais ou menos intermediária entre o naturalismo e a interpretação (Cronin, 1998).

Com o crescimento do vídeo a partir da década de 1960 e, especialmente com a chegada das câmeras de baixo custo, leves e fáceis de usar no final da década de 1990, houve uma explosão na produção visual de cientistas sociais de todos os matizes. Por isso, surgiu a demanda para que algumas práticas mais antigas fossem repensadas. Primeiro, disciplinas sedentas de dados como etnometodologia, proxêmica e coreometria foram liberadas das restrições impostas por caros e incômodos rolos de dez minutos de filme 16 mm. Na análise de conversação, por exemplo, o antigo uso de conversas telefônicas gravadas como fonte de dados sobre interação linguística informal pode agora ser enriquecido pelo estudo de sinais não verbais nas gravações em vídeo (ver Goodwin, 2001, para exemplos). Em segundo lugar, o *status* do filme etnográfico como algo que "nós" fazemos com "eles" foi desafiado na medida em que aqueles que são filmados têm cada vez mais acesso às tecnologias de vídeo (p. ex., Ginsburg, 1994). Finalmente, ainda sobre filme etnográfico, tem sido argumentado que chegou a hora, para antropólogos e outros pesquisadores que colaboraram com cineastas profissionais no passado, de romper o relacionamento e retomar o controle da câmera (p. ex., Ruby, 2000, p. 239). Eu retorno a todas essas questões no próximo capítulo. É claro que houve muitas outras mudanças teóricas e metodológicas desde a década de 1960, mas o trecho acima serve apenas como um esboço de alguns princípios gerais, sendo que os exemplos específicos serão tratados em capítulos subsequentes.

OUTROS TIPOS DE USO DE IMAGEM

Até aqui, a discussão foi mantida principalmente no âmbito da criação e do subsequente estudo de imagens produzidas por meios fotomecânicos e fotoelétricos - fotografia fixa, filme e fitas de vídeo - pelo pesquisador social. Contudo, uma grande quantidade de pesquisa social envolveu o uso, e às vezes a criação, de outros tipos de imagem. Pelas várias razões discutidas no Capítulo 3, a análise de imagens preexistentes não faz parte da discussão principal deste livro, com algumas exceções. Da mesma forma, novamente com algumas exceções, a criação de imagens além de fotografias, filme e fitas de vídeo fica excluída.[4] Sem dúvida, os pesquisadores sociais usaram e criaram representações visuais desde o início do projeto sociológico formal: tabelas, diagramas, gráficos, gráficos de barra e assim por diante. Todas essas formas de representação têm geralmente uma qualidade redutiva. As sutilezas e a textura delicada são eliminadas ou niveladas e agregam-se os "dados". Em geral, isso é muito útil, permitindo que pesquisador detecte padrões e tendências sociologicamente significativos. Ao mesmo tempo, é preciso ter cuidado porque se os elementos errados forem eliminados, ou se os critérios incorretos de agrupamento forem adotados, por mais atraente que seja a representação visual final (um gráfico de barra, um gráfico de pizza), ela terá maior poder de ocultar do que de revelar.

Concluo este capítulo com um excelente exemplo disso, retirado do trabalho de Edward Tufte. No livro *Visual Explanations* (1997, um de três volumes admiravelmente produzidos dedicados à visualização de estatísticas e outros dados quantificáveis), Tufte reconta a famosa história do Dr. John Snow e o surto de cólera de 1854 em Londres. Durante o mês de setembro de 1854 mais de 600 pessoas morreram de cólera, a grande maioria delas dentro de uma pequena área no centro de Londres; foi o pior surto dos tempos modernos. Snow, um médico que tinha investigado surtos de cólera anteriores, chegou rapidamente ao local e tentou formular uma teoria de transmissão da doença examinando informações sobre as mortes. Para a história da medicina, esta foi a grande descoberta de Snow: ele não concordava com a ideia corrente naquela época de que o cólera fosse transmitido, ou mesmo causado, por ares ou vapores pestilentos, mas suspeitava que o agente infeccioso viesse da água. Do ponto de vista de Tufte, a grande inspiração de Snow foi usar métodos visuais para detectar a exata fonte de água responsável.

Como Tufte mostra, há maneiras de apresentar visualmente os dados de mortalidade que, à primeira vista, são reveladoras, mas de fato são meramente descritivas, não explanatórias. Por exemplo, calcular o número de mortes por dia e as mortes cumulativas ao longo do mês mostra a velocidade e agressividade do surto. Visualmente, os gráficos de barra que mostram esses dados certamente dizem alguma coisa sobre o índice de transmissão, mas absolutamente nada sobre a causa. Em vez disso, Snow teve a grande ideia de combinar representações visuais icônicas e simbólicas (gráficos são somente simbólicos), colocando símbolos representativos de mortes (em qualquer momento) sobre um mapa da área local. Nesse mapa (reproduzido em Tufte, 1997, p. 30-31), pequenas barras representando mortes são colocadas diante de endereços específicos nas ruas. Fica visualmente evidente que a mais alta concentração de mortes ocorreu na Rua Broad (a atual Broadwick Street, no Soho) e em torno dela. Combinada à hipótese de que o agente infeccioso era carregado pela água (verificada pela descoberta e pelo isolamento da bactéria cerca de 30 anos depois), a evidência mapeada parecia indicar como fonte a bomba d'água da Rua Broad. Veio evidência confirmatória também daquilo que não era visto: por exemplo, o abrigo de pobres superlotado e quase certamente imundo ao norte da bomba d'água em Poland Street tinha muito menos casos do que era de se esperar, apenas cinco, pela simples razão de contar com um reservatório de água independente. É óbvio que há muito mais a ser dito sobre o trabalho de Snow e a importância de combinar métodos visuais com outros métodos, mas o caso está posto de maneira límpida e cristalina: a representação visual de dados quantificáveis oferece um resultado que apoia uma hipótese que pode então ser novamente testada.

Tufte, no entanto, cita também um matemático, Mark Monmonier, autor do intrigante trabalho intitulado *How to Lie With Maps* (1991). Tomando os mesmos dados que Snow tinha à sua disposição, Monmonier redesenha o mapa da área do Soho, agregando as mortes em agrupamentos por vizinhança. Dependendo dos critérios escolhidos para estabelecer os limites das vizinhanças, os agrupamentos são categorizados de forma diferente, chegando ao ponto de não ter absolutamente nenhuma associação visual óbvia com a bomba d'água da Rua Broad. Nesse caso, o método visual pode esconder o que se espera que ele revele. O cenário oposto talvez seja mais comum: os métodos visuais podem revelar o que supostamente estaria escondido, ou aquilo que não foi antecipado.

No próximo capítulo será considerado um leque de perspectivas analíticas que podem ser levadas na direção de materiais visuais, que vão desde as formais (como as interpretações do trabalho de Snow por Tufte e Monmonier) até as muito mais imaginativas.

☑ PONTOS-CHAVE

- Os métodos visuais foram usados em pesquisa antropológica e sociológica durante muitas décadas; os pesquisadores devem tentar ver tantos exemplos prévios quanto possível - filmes, ensaios fotográficos e fontes semelhantes - para se acostumarem com o leque de possibilidades.
- O significado das imagens muda com o tempo na medida em que elas são vistas por diferentes públicos; da mesma forma, o significado desejado pelo pesquisador social ao criar uma imagem pode não ser o significado que é "lido" por quem a vê.
- Fotografias, filme ou vídeos são usados de maneiras bem diferentes por pesquisadores que adotam uma abordagem interpretativista ou naturalista ao estudo de sociedade; os pesquisadores devem ter clareza sobre sua orientação teórica antes de pegar uma câmera.

🔲 LEITURAS COMPLEMENTARES

De Brigard e Becker fornecem descrições panorâmicas do papel das imagens e da fabricação destas na história da pesquisa de ciências sociais; Griffiths e os colaboradores dos volumes de Edwards e de Schwartz e Ryan apresentam análises modernas de imagens históricas que não tiveram necessariamente intuito sociológico, mas podem agora ser lidas com esse propósito. Enquanto isso, Pinney e Peterson (2003) fornecem uma importante perspectiva intercultural sobre a história da fotografia.

Becker, H. S. (1974) *'Photography and sociology'*, *Studies in the Anthropology of Visual Communication*, 1: 3-26 [republicado em H.S. Becker (1986) *Doing Things Together: Selected Papers*, Evanston: Northwestern University Press; também disponível *on-line* em lucy.ukc.ac.uk/becker.html.]

de Brigard, E. (1995 [1975]) 'The history of ethnographic film', in P. Hockings (ed.), *Principles of Visual Anthropology* (2nd ed.). The Hague: Mouton, p. 13-43.

Edwards, E. (ed.) (1992) *Anthropology and Photography 1860-1920*. New Haven: Yale University Press em associação com The Royal Anthropological Institute, London.

Griffiths, A. (2002) *Wondrous Difference: Cinema, Anthropology and Turn-of-the-Century Visual Culture*. New York: Columbia University Press.

Pinney, C. and Peterson, N. (eds) (2003) *Photography's Other Histories*. Durham, NC: Duke University Press.

Schwartz, J. M. and Ryan, J. R. (eds) (2003) *Picturing Place: Photography and the Geographical Imagination*. London: I. B. Tauris.

3

ABORDAGENS AO ESTUDO DO VISUAL

Objetivos do capítulo

Após a leitura deste capítulo, você deverá:

- conhecer as principais formas comuns de análise visual;
- estar atento ao fato de que mesmo se nenhuma forma de perspectiva analítica for conscientemente selecionada antes da pesquisa, ainda assim os pesquisadores devem considerar sua própria posição;
- entender que formas visuais são sempre formas materiais e que isso não deve ser menosprezado na análise.

> **ESTUDO DE CASO**
> **Foucault sobre o panóptico de Bentham**
>
> O Panóptico de Bentham é... um edifício aneliforme; no centro, uma torre; essa torre é perfurada por uma janela larga que abre para o lado de dentro do anel; o edifício periférico é dividido em células, cada uma das quais se estende em toda a largura do edifício; elas têm duas janelas, uma de dentro, correspondendo às janelas da torre; a outra, de fora, permite que a luz cruze a célula de ponta a ponta. Tudo que é necessário, então, é colocar um supervisor na torre central e trancar em cada cela um louco, um paciente, um condenado, um trabalhador ou um estudante. A iluminação por trás permite que se observe da torre; destacando-se com exatidão contra a luz, as pequenas sombras cativas nas células da periferia. O mecanismo panóptico organiza as unidades espaciais que possibilitam ver constantemente e reconhecer de forma imediata. Em suma, ele inverte o princípio do calabouço; ou melhor, das suas três funções – encerrar, privar de luz e ocultar – ele preserva apenas a primeira e elimina as outras duas. A iluminação total e o olho de um supervisor capturam melhor do que a escuridão, que em última análise protegia. A visibilidade é uma armadilha. (Foucault, 1977, p. 200)
>
> Foucault usa essa descrição do plano de Bentham de 1787 para uma instituição penal panóptica como uma metáfora do poder que o estado moderno exerce sobre
>
> FIGURA 3.1 Panóptico de Bentham. (Fonte: http://commons.wikimedia.org/wiki/Image: panopticon.jpg).
>
> *(Continua)*

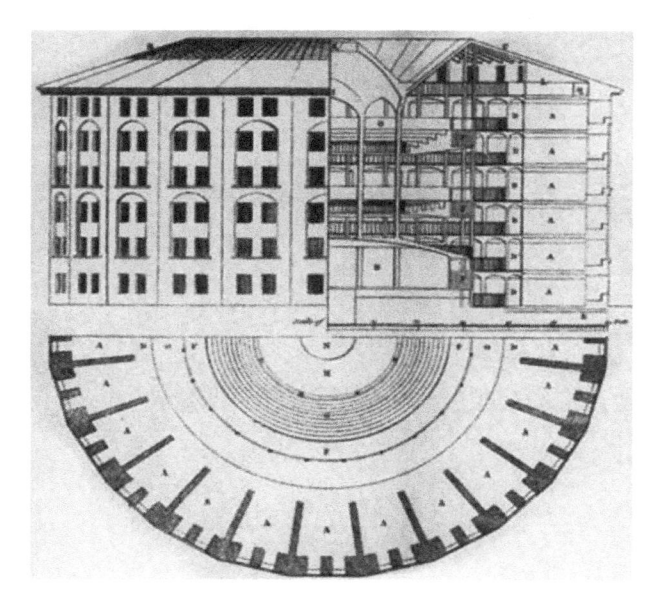

(Continuação)

seus cidadãos: uma forma de poder por meio da qual os cidadãos regulam seu próprio comportamento na suposição de que estão sendo vigiados, quer percebam isso ou não. O uso do modelo panóptico por Foucault teve uma influência enorme em alguns ramos da análise visual, especialmente nas perspectivas dos estudos culturais nas décadas de 1980 e 1990 (ver abaixo). Aqui, o equivalente moderno do panóptico é frequentemente identificado como a onipresente rede de câmeras de circuito fechado (CCTV) das cidades euro-americanas (ver, por exemplo, Wood, 2003). Calcula-se que o cidadão londrino médio do início do século XXI passa diante de 300 câmeras de CCTV ao longo de um dia de trabalho (BBC News, 7 de fevereiro de 2002).

☑ INTRODUÇÃO: TEORIA E ANÁLISE

A história da metodologia visual e da análise visual apresentada no capítulo anterior foi basicamente desprovida de discussões explícitas de "teoria", mas é claro que tais investigações não aconteceram em um vácuo teórico. Por "teoria" eu não me refiro apenas à grande teoria (teoria da evolução, teoria funcionalista), mas principalmente aos pressupostos teóricos que todos os pesquisadores sociais e, na verdade, todos nós (na forma de "teoria *folk*") trazemos para a nossa compreensão do mundo. No pensamento social contemporâneo agora admite-se que há uma relação dialética entre o que Richard Jenkins chama de "reflexão epistemológica e pesquisa empírica" e a própria relação é objeto de reflexão crítica (Jenkins, 1992, p. 61-62).[1] A implicação disso é que não é possível coletar dados (visuais) de uma maneira puramente mecânica e depois sentar para decidir qual modo de análise será aplicado e quais pressupostos teóricos subjazem a essa análise. Por outro lado, seria demasiadamente constrangedor trabalhar primeiro a teoria e as estratégias analíticas para depois sair à cata dos dados desejados a fim de alcançar o objetivo.

Para compreender o valor e o uso de imagens visuais na produção do conhecimento sociológico é necessário, portanto, considerar como as diferentes instâncias analíticas abordam o que até aqui eu chamei de "dados".[2] Em geral, os modos formais ou realistas de análise (geralmente chamados de "positivistas") consideram que as unidades de dados são ontologicamente distintos - alguma coisa "lá fora" que pode ser coletada e estudada, quase como espécimes botânicos. A análise interpretativista, ao contrário, vê as coisas que são estudadas (o termo "dados" raramente é usado) como ontologicamente constituídas pelo ato do estudo (ver Quadro 2.1, no Capítulo 2).

Uma outra maneira de considerar o campo das tradições analíticas é fazer uma distinção entre as formas ou estilos de análise visual que lidam com a análise de imagens preexistentes e aquelas que criam as imagens e em seguida as analisam (ou pelo menos as apresentam). O último modo é geralmente associado a práticas empíricas de pesquisa social e frequentemente com pesquisa de campo, mais obviamente a antropologia, mas também algumas tradições de sociologia, estudos de desenvolvimento, psicologia, geografia social e estudos educacionais; essas abordagens empíricas são o assunto do Capítulo 4. O primeiro modo – a análise de imagens preexistentes – geralmente é praticado por estudiosos dos campos de estudos de comunicação, estudos culturais e de mídia, e *design* da informação, embora sociólogos, antropólogos e outros estudiosos tenham também contribuído.[3]

Como outros livros da *Coleção Pesquisa Qualitativa* enfatizam basicamente a geração de dados (através de entrevistas, grupos focais e similares), a ênfase deste livro tende mais para o estudo de imagens no decorrer da pesquisa empírica de campo. Tais imagens podem ser geradas pelos pesquisadores sociais (tipicamente fotografias ou filmes, hoje em dia) ou descobertas por eles em arquivos ou no decorrer do trabalho de campo, combinando assim as duas abordagens. Minha ênfase, no entanto, é centrada na análise de imagens em seu contexto social (mas ver também Gibbs, 2007), um contexto que inclui a sua produção, bem como o seu consumo (a narrativa externa completa). Na melhor das hipóteses, o conhecimento do contexto de produção é explicitado pela investigação empírica, em vez de ser meramente presumido: por exemplo, um estudo de imagens publicitárias, ou grafite urbano, me pareceria sociologicamente incompleto se o autor deixasse de entrevistar qualquer executivo da propaganda sobre sua escolha de imagens, ou qualquer jovem sobre sua escolha de locais para praticar essa arte. Da mesma forma, na ponta do consumo das coisas, uma grande quantidade de textos acadêmicos sobre filme e belas-artes atribui "significado" a imagens sem qualquer hesitação, com base presumivelmente na leitura do próprio autor, sem aparentemente perguntar ao público-alvo dessas imagens o que eles pensavam que essas imagens "significavam".

✓ MANEIRAS DE VER E COISAS VISTAS

Como foi apontado no Capítulo 1, é difícil imaginar uma investigação de pesquisa social que não empregue – ou não possa empregar – imagens em algum momento da análise. Há, no entanto, numerosas variações da relação entre imagens e análise. Por exemplo, em pesquisa quantitativa, imagens como tabelas, gráficos de barra, diagramas, etc., tendem a surgir dela e são outra maneira de apresentar os resultados basicamente textuais ou numéricos dos dados, enquanto na pesquisa mais qualitativa as imagens geralmente são os objetos de pesquisa e serão submetidas a algum tipo de análise.

Ainda sublinhando essas diferenças há três pontos básicos a considerar. O primeiro diz respeito à abordagem analítica adotada em relação à imagem, o segundo, ao método empregado para derivar dados para a análise, enquanto o terceiro relaciona-se ao tipo de questão em análise. Algumas, se não todas, abordagens analíticas podem ser aplicadas igualmente à pesquisa baseada em imagem e à pesquisa não baseada em imagem. Uma análise marxista, por exemplo, embora encontrada normalmente no estudo de comportamento econômico e político, poderia ser aplicada ao estudo de imagens (como fez John Berger em seu famoso estudo de belas-artes, *Ways of Seeing*, 1972). Da mesma forma, a mesma metodologia pode ser aplicada tanto a imagens como a não imagens. A análise de conteúdo, por exemplo, que metódica e objetivamente avalia características variáveis em um conjunto de itens (ver abaixo) pode ser igualmente empregada na análise de fotografias de capa de revista ou na análise de discursos políticos. Finalmente, uma questão como o papel dos objetos materiais nas relações sociais humanas pode ser abordada de várias perspectivas analíticas diferentes (marxista, funcionalista e assim por diante), usando várias metodologias diferentes (análise de conteúdo e reflexividade, entre outras).

No restante deste capítulo eu gostaria de esboçar algumas abordagens analíticas e metodológicas ao estudo de imagens e ilustrá-las com alguns exemplos, focando quase exclusivamente em abordagens que lidam com imagens encontradas ou preexistentes. Os exemplos, todavia, absolutamente não cobrem todos os tipos possíveis de questões que podem ser exploradas. Começo com a discussão das abordagens basicamente comuns aos estudos visuais, oriundas da vasta disciplina dos estudos culturais; tais abordagens tendem a depender mais de argumentos persuasivos do que da análise objetiva de dados para alcançar seus fins. Em seguida passo a discutir aquilo que chamo de abordagens "formalistas", aquelas que coletam dados visuais e os submetem a formas de análise específicas e padronizadas. Depois disso, mudo para abordagens mais subjetivas, que tendem a necessitar de algum tipo de pesquisa de campo em vez de simples "coleta de dados". Concluo o capítulo com algumas observações sobre a materialidade da imagem, com a qual pode ser preciso lidar em situações de campo, facilitando assim a transição para o capítulo seguinte.

ABORDAGENS DOS ESTUDOS CULTURAIS E OUTRAS PERSPECTIVAS

Em sessões posteriores serão examinadas formas específicas de análise visual (como análise de conteúdo), mas primeiro quero fazer um levantamento de um amplo conjunto de abordagens ao estudo do visual que geralmente pode ser subsumido sob o cabeçalho de "estudos culturais".[4]

TEMAS EM ESTUDOS CULTURAIS VISUAIS

Embora estudos culturais sejam uma disciplina por méritos próprios, eu uso o termo de forma mais abrangente aqui para incluir abordagens dentro das ciências sociais e humanas que se servem da teoria pós-estruturalista (ela própria um termo amplo que abarca uma larga variedade de movimentos teóricos não positivistas, de estudos de gênero à fenomenologia e ao pós-colonialismo) para fazer asserções sobre o papel que as imagens desempenham na manutenção ou subversão de formas estabelecidas de prática social. Como uma abordagem disciplinar relativamente recente, e servindo-se amplamente de um grande leque de outras disciplinas, ela oferece pouco em termos de metodologia específica (Lister e Wells, 2001, p. 63). No entanto, seu abrangente conjunto de matérias é relativamente diferenciado, e seu campo, embora altamente diverso, tem uma série de pressuposições em comum ou pelo menos sobrepostas. Uma diferença característica é colocar de lado uma distinção entre "alta" e "baixa" cultura (Shakespeare *versus EastEnders**, por exemplo). Assim, quando se chega àquilo que na literatura é geralmente chamado de "cultura visual", pode-se considerar tudo e qualquer coisa, de painéis publicitários a salas de cinema de arte, à experiência de olhar paisagens modificada com a introdução do transporte motorizado. Entretanto, dois grandes expoentes da abordagem dos estudos culturais alegaram que até recentemente a disciplina menosprezou a cultura visual (Evans e Hall, 1999, p. 1).

Os estudos culturais se interessam pela produção e o consumo de "cultura", principalmente em um contexto euro-americano, e restringem-se basicamente ao período moderno e aos (recentes) antecedentes históricos das formas culturais contemporâneas. Essas formas não precisam ter um componente visual (fazer compras, por exemplo), mas frequentemente têm. Jenks, servindo-se do prestigioso trabalho de Martin Jay (p. ex., 1989, 1992), argumenta que o mundo moderno "é em grande parte um fenômeno 'visto'" (1995, p. 2). Similarmente, Mirzoeff começa seu livro sobre cultura visual com uma descrição escrita da enxurrada de imagens que cercam os cidadãos da Euro-América contemporânea, especialmente as muitas telas para as quais olhamos e as muitas câmeras que nos vigiam (Mirzoeff, 1999, p. 1 ff.). Finalmente, muita coisa escrita na disciplina invoca os primeiros estudiosos que escreveram extensivamente ou brevemente sobre visão e formas visuais: Foucault, Bourdieu, Barthes até Marx.

---

*N. de T. Série dramática de televisão da BBC que examina a vida dos habitantes da área do East End, em Londres.

OCULARCENTRISMO E A SATURAÇÃO DE IMAGENS

Então, se estudos culturais se interessam principalmente pelas formas culturais cotidianas da sociedade euro-americana contemporânea, e se essa sociedade é orientada para privilégios e produz "o visual" (ocularcentrismo) incessantemente, como podem Evans e Hall falar em negligência? A resposta deles é que, em grande parte da literatura de estudos culturais, os modos de análise aplicados às formas e práticas visuais são abordagens essencialmente semióticas e baseadas em linguagem, como nos modos formalistas de análise discutidos na seção anterior. Por isso, eles afirmam, os artefatos culturais tendem a ser abordados como qualquer outro texto cultural no que diz respeito ao seu significado, e os contextos específicos de seu uso, produção, consumo e assim por diante podem ser vistos simplesmente como mais um aspecto das práticas culturais da sociedade (Evans e Hall, 1999, p. 2). Todavia, não apenas a esfera do visual pode ser qualitativamente diferente e exigir abordagens diferentes. Os modelos de comunicação basicamente linguísticos que lhe são aplicados são chamados de inadequados: o objetivo não deve ser uma mera exploração do "significado" do texto visual estudado, mas sim uma mais fundamental que avalia os modos modernistas da sociedade de criar e manter aqueles "significados" em primeiro lugar. Ver e conhecer são mutuamente constitutivos, o primeiro não é um meio passivo (pela representação) para o último, como o modelo linguístico de comunicação presumiria (Evans e Hall, 1999, p. 3; ver também Mirzoeff, 1999, p. 15-16). Outros também indicaram os problemas (e suas soluções) que os estudos culturais têm com o visual, ou pelo menos a necessidade de repensar suposições analíticas.

Jenks (1995), por exemplo, alega que o próprio ocularcentrismo da Euro-América (pós)moderna torna difícil pensar por meio ou em torno dele: como membros dessa mesma sociedade, com os mesmos antecedentes históricos e culturais, nós podemos, por assim dizer, estar cegos para a visão (uma possível solução para isso é a reflexividade, discutida a seguir). Jenks também observa que pela mesma razão a "cultura visual" como categoria é "quase redundante", pois há um aspecto visual em (quase?) todas as áreas de experiência cultural (1995, p. 16); todos os colaboradores de seu livro editado, ele destaca, concentram-se em formas óbvias, "tangíveis", tais como cinema e publicidade. De maneira semelhante, Lister e Wells afirmam que o estudo de culturas especificamente visuais não é apenas uma subdivisão de estudos culturais, mas que a saturação de imagens e tecnologias de fabricação de imagens na sociedade contemporânea exige que a própria disciplina de estudos culturais seja reelaborada (2001, p. 62).

Nessas reelaborações, várias afirmações são feitas. Primeiro, como observado acima, as estratégias analíticas apoiadas em modelos de comunicação semiótica de derivação linguística são inadequadas. Uma razão para isso é que há, ou pode haver, uma experiência sensorial imediata quando se encontra uma imagem visual que outras formas de texto não podem reproduzir (Mirzoeff dá o exemplo de uma espaçonave enchendo a tela em *2001: uma odisséia no espaço* de Ken Russell: 1999, p. 15). Evidentemente pode-se argumentar (p. ex., van Leeuwen, 2001, p. 94) que isso é simplesmente o que Barthes chama de nível de denotação – do que é a imagem (uma espaçonave nesse caso); a análise semiótica está preocupada com o segundo nível, o da conotação (que significação ou ideia está sendo comunicada) (Barthes, 1973). O que se quer dizer é mais do que isso, todavia; mais adiante em *2001* há sequências de imagens que conotam muito pouco, como aqueles em que o personagem principal, Bowman, atravessa uma fenda espacial, e que mesmo assim são (ou eram quando ainda não havia imagens geradas por computador nos filmes de Hollywood) expressivas e poderosas. Além disso, a última noção do "*punctum*" de Barthes, o impacto de uma imagem, é uma tentativa de examinar essa capacidade distintiva da visualidade, fortemente ligada a noções de desejo (Mirzoeff, 1999, p. 16; ver também o altamente respeitado trabalho de Mulvey sobre desejo e sexualidade, p. ex., 1975). O que está em parte sendo questionado aqui é a estratégia analítica da fenomenologia, que logo será retomada.

CONTEXTO DA IMAGEM

O segundo ponto em relação à reelaboração dos estudos culturais diz respeito ao contexto. Vários analistas mostram que o contexto no qual uma imagem é encontrada (o que eu chamaria de parte de sua narrativa externa) não é apenas algo a ser levado em conta posteriormente: o "significado" da imagem e o "significado" do contexto são mutuamente constitutivos. Tomando uma famosa imagem do fotógrafo social francês Robert Doisneau, de 1948-1949, *An Oblique glace*, Lister e Wells mostram como o contexto funciona (2001, p. 67-68). A fotografia é tirada de dentro de uma loja, uma galeria de arte, olhando para a rua através de uma janela de vitrina. Lá fora, um homem e uma mulher estão diante da vitrina, mas enquanto ela olha diretamente para uma pintura, da qual apenas a parte de trás pode ser vista na fotografia, o olhar do homem passa obliquamente por ela até uma pintura que tanto ele quanto quem vê a fotografia podem enxergar. Essa pintura é uma "picante" imagem de uma mulher nua vista por trás. O contexto original de visualização foi uma revista francesa de fotografia (*Pointe de Vue*). Ela teria talvez provocado um sorriso no leitor-espectador, talvez uma reação de desdém em sua esposa. Teria sido vista como parte de uma sequência de imagens, representando para eles mesmos suas vidas, sua cidade, seu país. Um espectador moderno, como Lister e Wells observam, tem maior probabilidade de encontrar a imagem no espaço branco de uma galeria, pois hoje o trabalho de Doisneau não é apenas popular, reproduzido em posters, mas também objeto de séria atenção crítica e acadêmica. Não é simplesmente que o contexto tenha mudado, o contexto mudou a imagem: essa imagem bastante bem-humorada não é mais lida como um comentário então-contemporâneo sobre a moralidade social, mas sim com um humor irônico, um sorriso provocado menos pela imagem em si do que por sua escolha pelo curador para ser incluída na exposição.[5]

O PODER E A IMAGEM

Finalmente, algumas pessoas no campo dos estudos culturais (visuais) estão interessados na natureza da própria imagem, uma questão que trato a seguir. Tomadas em conjunto, no entanto, todas essas perspectivas sobre estudos culturais visuais compartem uma série de preocupações, das quais talvez a primeira seja o poder. Como a antropologia e a sociologia, os estudos culturais se preocupam não apenas com quem está olhando (ou observando, ou controlando a circulação de imagens, ou seja o que for), mas com a quem a sociedade dá o poder de olhar e ser olhado e como o ato de olhar produz conhecimento que, por sua vez, constitui a sociedade. Tais preocupações não estão ausentes das abordagens formalistas, mas como na questão do contexto mais amplo de maneira geral, elas são vistas como uma etapa subsequente da análise. Para os estudos culturais, a análise da imagem e a preocupação com o poder/conhecimento (para usar a frase de Foucault indicando a interconexão entre os dois) não podem ser separadas. Para essa abordagem analítica, o conhecimento obtido do estudo da imagem é produzido pelo e continua a produzir poder.

O pensamento sobre o aspecto poder/conhecimento do visual deriva em grande parte da famosa opção de Foucault por analisar o panóptico de Bentham (ver o estudo de caso no início deste capítulo). O trabalho de John Tagg sobre a história da fotografia, por exemplo, faz uso direto das noções foucaultianas de vigilância panóptica e os usos de fotografia para produzir poder/conhecimento sobre o pobre, o doente mental e o criminoso no século XIX (Tagg, 1987). No entanto, Andrew Barry (1995) considera a compreensão de Foucault do panóptico e as investigações de tecnologias de vigilância como gravações de CCTV em centros de cidade por outros analistas como abordagens que tratam essas tecnologias como "desumanas" ou automáticas, com operações governadas pela "sociedade" e independentes dos homens e mulheres reais que as põem em prática. Embora Tagg e outros tenham prontamente dado exemplos de agentes individuais – psiquiatras, oficiais de polícia, criminólogos e outros – que concebem e implementam as tecnologias de vigilância, a implicação é que eles são agentes do estado, agindo "sob ordens" da sociedade em geral (uma inferência semelhante pode ser traçada das estratégias analíticas mais formalistas discutidas na próxima seção, com sua aparente falta de preocupação com os criadores e usuários das imagens selecionadas para análise).

Em seu artigo, Barry considera três categorias de pessoas – médicos, jornalistas e antropólogos – que foram acusadas de exercer "regimes escópicos" para disciplinar e controlar os corpos e as vidas de outros. Traçando seu quadro analítico, ironicamente, de uma outra contribuição de Foucault (*The Birth of Clinic*, 1973), Barry procura demonstrar que, apesar de suas intenções, os praticantes dessas três profissões interferem sim com a implementação dessas tecnologias desumanas. "Personalidade", "ética" e "experiência profissional" inserem uma dimensão humana na prática desumana (Barry, 1995, p. 54).

Por exemplo, os primeiros anos da minha própria disciplina de antropologia social são associados com o projeto colonial dos poderes europeus. A relação é complexa e não precisa ser discutida aqui, mas da perspectiva foucaultiana certamente há paralelismo entre o desejo dos colonizadores e dos antropólogos de "conhecer" os povos subjugados. Parte desse conhecimento foi obtido por métodos visuais – produzindo fotografias dos "tipos" coloniais, por exemplo, no século XIX (ver Capítulo 2), e mais tarde com o uso de fotografias em carteiras de identidade. No entanto, mesmo depois que a antropologia, na década de 1920 em diante, tinha praticamente abandonado o uso de fotografia como ferramenta científica, permaneceu uma tensão nos escritos etnográficos entre a discussão científica ou objetiva e os muito mais subjetivos comentários e opiniões do etnógrafo, especialmente ao lembrar ao leitor de quem escreveu a obra o tempo todo, que ele realmente esteve lá e observou aquilo que descreve. Mesmo assim os dois modos foram, e são, abonados pela categoria profissional.

Como Barry observa, as primeiras gerações de antropólogos não foram treinados em métodos de campo, mas, assim como os médicos, aprenderam suas habilidades em pesquisa de campo na prática (1995, p. 53).[6] Os antropólogos do início do século XX, tais como Malinowski, influenciaram o rumo da disciplina não porque eram implementadores passivos das tecnologias escópicas da sociedade, mas porque combinavam *status* profissional e aquilo que Barry chama de "personalidade" com grande.

Analiticamente há duas direções possíveis aonde ir agora, sendo a escolha ditada pela perspectiva teórica subjacente do pesquisador. Para os pesquisadores basicamente preocupados com a estrutura da sociedade, a análise simplesmente retorna ao início e substantiva "personalidade", "ética" e "experiência profissional" como ferramentas usadas por indivíduos para implementar as tecnologias escópicas; retornamos assim a uma posição foucaultiana, mesmo que ela tenha sido humanizada até um certo ponto (isso é, de forma essencial, o que Barry finalmente faz: 1995, p. 55). A direção alternativa, mais palatável para aqueles cuja preocupação recai principalmente sobre agentes humanos, é uma base teórica etnometodológica (ver a seguir) que passaria a postular as ações cumulativas de Malinowski e outros como constitutivas das tecnologias de visualização, não como indicativas delas.

Há muito mais que poderia ser dito, tanto sobre as abordagens foucaultianas ao estudo do visual como certamente sobre outras correntes do amplo campo dos estudos culturais. Porém, o que eu disse até agora pelo menos dispôs alguns temas bem-explorados: ocularcentrismo e a proliferação das imagens visuais, um estresse sobre o contexto social (embora estabelecido a partir de fontes textuais e não de campo) e poder. Pensando nesses temas, é hora de voltar para alguns dos métodos analíticos comuns encontrados em estudos visuais.

MÉTODOS FORMALISTAS

Embora os proponentes de abordagens foucaultianas e outras posições geralmente dentro de uma perspectiva de estudos culturais sejam, sem dúvida, rigorosos em sua lógica e maneira de pensar, o trabalho deles pode vir a ser criticado de uma perspectiva mais positivista ou certamente quantitativa: o material escolhido para análise às vezes parece ter sido escolhido para se adequar à análise, em vez de ser selecionado mais objetivamente para formar uma amostragem representativa. Como discutirei abaixo, no entanto, as duas abordagens não são necessariamente incompatíveis. Uma amostragem de material, ou a categorização de material, pode ser feita de uma maneira formalista e regida por regras, para depois ser submetida posteriormente a uma análise mais interpretativista.

ANÁLISE DE CONTEÚDO

A discussão que se segue não chega nem perto de uma descrição detalhada da análise de conteúdo como ela é usada hoje em dia (para uma descrição detalhada, crítica e extremamente clara, ver P. Bell, 2001) e pode-se alegar que ela não passa de uma técnica, como fazer um teste de qui-quadrado, que não carrega nenhum viés ideológico; isto é, a compreensão teórica prévia do pesquisador, do mundo de relações sociais, não afeta a implementação da técnica. Eu diria que este não é de fato o caso, pelas razões dadas abaixo. Hoje, a análise de conteúdo autodefinida é mais geralmente encontrada nas disciplinas de estudos de comunicação e estudos de mídia, tendendo a ser quantitativa e sujeita a uma variedade de regras e procedimentos (para garantir a confiabilidade da codificação do conteúdo, por exemplo). Seus praticantes anseiam por objetividade, e a aplicação da análise tende a ser regida por uma abordagem bastante positivista. No entanto, o princípio básico de observar as propriedades formais de um conjunto de objetos – em nosso caso, imagens visuais – é muito mais disseminado e pode ser encontrado em uma grande variedade de disciplinas (ver também Gibbs, 2007).

Embora a estratégia analítica da análise de conteúdo só tenha entrado em uso formal na segunda metade do século XX (consolidada em Berelson, 1952, segundo Ball e Smith, 1992, p. 20), a ideia é muito mais antiga. Por exemplo, o antigo antropólogo social britânico Alfred C. Haddon usou uma forma dessa estratégia em seu *Evolution in Art* (1895). Nesse trabalho, escrito depois de adquirir interesse em cultura "primitiva", mas antes de iniciar sua expedição pioneira às Ilhas do Estreito de Torres para observar uma sociedade "primitiva" de perto (ver Capítulo 2), Haddon adotou como base teórica a noção de evolucionismo biológico. Assim como muitos de seus contemporâneos, ele conjecturou que para entender formas sociais complexas (nesse caso, a arte de sociedades civilizadas) era preciso examinar formas mais simples que supostamente podiam ser encontradas entre povos menos civilizados.

Essa conjectura, ainda que em variadas formas, era predominante nas últimas décadas do século XIX e primeiras décadas do século XX, e postulava que as formas de organização social e instituições sociais "evoluíram" de simples para mais complexas ao longo do tempo. Embora o processo evolucionário em si fosse lento demais para ser observado, pensava-se que diferentes sociedades espalhadas pelo mundo apresentavam – por razões que nunca foram completamente explicadas – diferentes "períodos" desse processo (unilinear) e então, tomando amostras de formas sociais ou culturais de várias delas, seria possível construir um relato pseudo-histórico do processo. Haddon conjecturou que assim como as ideias religiosas ou organizações de parentesco evoluíram ao longo do tempo, assim também seria observado nos aspectos artísticos – especialmente os estilísticos decorativos. Dessa forma, o pressuposto teórico de Haddon era do evolucionismo social. Seu método de análise era extrair amostras de uma grande variedade de peças decorativas e outros itens estilísticos da cultura material de sociedades "primitivas" e antigas. E sua conclusão, uma confirmação da hipótese, foi que as formas artísticas certamente evoluem, brotando geralmente de um elemento natural (como uma forma de planta) ou de um objeto funcional (como um anzol de pesca).

Embora seja óbvio que Haddon estivesse interessado no conteúdo das imagens,[7] daí minha justificativa para discutir o trabalho dele nesta seção, também é importante considerar o que lhe interessava menos. Seu principal ponto fraco era o método, pelo menos segundo os padrões modernos. Mesmo conhecendo ciência, tendo sido treinado como biólogo marinho, ele não procurou quantificar seus resultados de forma alguma e, na verdade, não diz quase nada ao leitor sobre seu processo de amostragem. A abordagem basicamente tipológica adotada nessa época tanto pelas ciências naturais como as sociais provavelmente explica isso, e então, ainda que o estudo seja formalista (no sentido de se preocupar com a forma), alicerçado em teoria e empregador de uma metodologia analítica específica, ele não é especialmente robusto. Apesar de aconselhar o leitor em várias ocasiões a ser vigilante em não procurar exemplos para ilustrar uma teoria (p. ex., 1895, p. 11), ele às vezes parece incorrer no risco de fazer exatamente isso.

ANÁLISE DE CONTEÚDO DE FOTOGRAFIAS

Alegações semelhantes às vistas acima são feitas por Ball e Smith (1992) em sua avaliação das abordagens da análise de conteúdo aos dados visuais. Ao revisar dois estudos de moda baseados em fontes secundárias como ilustrações de revistas e pinturas de roupas femininas (Richardson e Kroeber, 1940) e barbas de homens (Robinson, 1976), eles mostram alguns dos pontos fortes e algumas fraquezas da abordagem. Um ponto forte é descobrir que as mudanças da moda tanto no estilo de roupa como de barba parecem acompanhar um ciclo de um século de duração (Ball e Smith, 1992, p. 24-25). Ou seja, no curso de meio século, os estilos de roupa e barba mudaram até alcançar o estado oposto – da saia mais rodada à saia mais justa, da ocorrência generalizada de barba à ocorrência rara – e então iniciaram o processo reverso no curso do próximo meio século. Ainda que se tenha um senso intuitivo disso a partir de nossa própria observação do mundo ou, nesse caso, de ilustrações históricas, a força desses dois artigos de pesquisa é validar – ou possivelmente contradizer – nossa impressão inicial. Entretanto, há fraquezas também. Primeiro, embora ambos os estudos empreguem um quadro de amostragem definido para obter imagens para análise, Richardson e Kroeber admitem que suas fontes de dados são variadas e progressivamente mais arbitrárias na medida em que eles retrocedem no período (1605-1936). Portanto, embora a análise seja quantitativa (ao contrário da de Haddon), um viés inevitável na seleção de dados pode estar distorcendo os resultados. O estudo de Robinson é mais robusto nesse aspecto: imagens de homens com e sem pelo facial retiradas da mesma fonte, a *Illustrated London News*. Em segundo lugar, as escolhas de categoria e os procedimentos de codificação subsequentes poderiam estar abertos a um viés adicional. Ball e Smith atravessam esses problemas com admirável clareza (1992, p. 23-27) e eu mesmo, como pesquisador não quantitativo, estou menos interessado nessas questões técnicas do que no que parece ser um problema mais fundamental.

Embora, como Ball e Smith (1992, p. 25) observam, os resultados de ambos os estudos pareçam mostrar "evidência de uma padronização cultural supraindividual de mudanças na moda, padronização esta que não pode ser explicada com explanações psicológicas banais de imitação, emulação e competição"[8] (1992, p. 25), há uma consideração de contexto e significado que está crucialmente ausente. Por contexto, eu quero dizer fazer perguntas como "Por que esses retratos de mulheres foram pintados?", ou "Por que a *Illustrated London News* selecionou essas fotografias para publicação, e não outras?" Tais questões ainda são essencialmente questões de amostragem; presumivelmente outras fontes históricas poderiam ser consultadas para confirmar ou contradizer a representatividade das amostras coletadas. Contudo, ainda restam questões de significado; na Índia contemporânea, por exemplo, minha própria experiência visual, apoiada em perguntas feitas a pessoas sobre a matéria, me diz que para os homens que constituem uma vasta parte do tecido social (hindus) o problema barba/não barba é, em primeiro lugar, uma marca de distinção do leigo em posição ao santo ou monge (*sadhu*) e, em segundo lugar, de hindu contra muçulmano e sikh. Ou seja, embora possa haver flutuações históricas de um tipo cíclico e regular, como o que Robinson observa na sociedade inglesa, o fato é que, nas últimas poucas décadas pelo menos, as barbas (mas não os bigodes) são basicamente correlacionadas com afiliação religiosa.

CONTEÚDO MANIFESTO E LATENTE

Ball e Smith tratam esse último ponto de forma bem diferente, como uma questão de ler conteúdo manifesto contra conteúdo latente. Para a codificação ser confiável, os procedimentos de codificação precisam ser objetiva e inequivocamente aplicáveis. Por isso pesquisadores leem o que Ball e Smith chamam de conteúdo "manifesto" da imagem (um homem com pelo facial) e tomam nota do tipo de pelo facial (barba cheia, costeletas, etc.); o que fica ignorado é o conteúdo simbólico ou "latente": o significado de costeletas em 1910, ou barba cheia na Índia, ou seja o que for. No entanto, em um nível de análise mais abstrato, pode-se argumentar que o conteúdo "latente" das imagens, ou pelo menos o conjunto inteiro de imagens, é exatamente a "evidência de uma padronização cultural supraindividual" em funcionamento, uma leitura que está indisponível tanto para os homens com pêlos faciais como talvez para o pesquisador até que ele faça a análise e veja o padrão emergir. Em contraposição, para quem usa barba em certos períodos, e talvez também para os editores da *Illustrated London News* que selecionaram essas imagens para publicação, o conteúdo manifesto certamente incluiria as associações simbólicas (esses homens estão na moda). É em parte por essa razão que acho as distinções entre conteúdo manifesto e latente pouco satisfatórias, e prefiro minha distinção entre narrativa interna e externa combinada à noção de perspectiva (ver Capítulo 1), que torna a relação entre atores, inclusive o pesquisador social, mais clara.

Como foi observado no começo desta seção, os leitores devem procurar em outro lugar um guia detalhado dos "modos de usar" a análise de conteúdo (P. Bell, 2001, é recomendado), mas geralmente argumenta-se, seja criticamente, seja como mera declaração de fato, que as discussões de significado são ignoradas ou descartadas deliberadamente. A análise de conteúdo e outras estratégias analíticas formalistas são, portanto, usadas muitas vezes como uma estratégia analítica precursora para uma outra forma de análise. No caso do trabalho de Haddon sobre formas estilísticas e decorativas, a forma sobreposta de análise foi a teoria social evolucionária, por exemplo. Ball e Smith discutem a famosa análise do antropólogo francês Claude Lévi-Strauss das máscaras dos índios norte-americanos da Costa Noroeste (Lévi-Strauss, 1983) como uma interpretação estruturalista clássica da representação visual, e isso também depende da avaliação ou análise de conteúdo, nesse caso, as características estilísticas das máscaras, como os olhos protuberantes.

Talvez o quadro analítico mais comum aliado a essa análise de conteúdo seja alguma forma de análise semiótica. Assim como no estruturalismo lévi-straussiano, muito da análise semiótica deriva de uma base linguística e, às vezes, os impenetráveis debates sobre o significado da terminologia podem parecer quase teológicos; Kress e van Leeuwen (1996) oferecem uma breve visão panorâmica ao esboçar sua própria noção de "semiótica social" (1996, p. 5 ff.). As abordagens semióticas, sociais ou não, nem sempre constituem por si mesmas a extensão completa da análise. Jewitt e Oyama observam que a análise "não é um fim em si mesma" (2001, p. 136). Eles passam então a descrever como, em um trabalho de pesquisa que analisa composição, relações espaciais, geometria e outros do gênero dos materiais visuais usados em campanhas de saúde sexual, o uso de Jewitt de dados codificados e sistematizados de análise de conteúdo/semiótica social podia então ser interpretado por teorias de gênero e sexualidade.

ANÁLISE DE CONTEÚDO DE FILME

Quando tais perspectivas são aplicadas ao filme (ou fitas de vídeo) em vez de a coleções de amostras de imagens fixas, o ritmo da edição, bem como a presença de fala e música, precisam também ser levados em consideração, complicando consideravelmente o processo. Em um artigo que analisa um filme documentário australiano sobre os problemas de oferecer serviços de saúde com eficiência em um hospital, Iedema (2001) observa sistematicamente vários aspectos do filme (como o posicionamento de sujeitos em relação à câmera) para chegar à conclusão de que seja qual for o conteúdo "manifesto" do filme (no sentido usado por Ball e Smith, acima), uma análise do conteúdo latente do filme mostra que são os médicos clínicos (em vez de, por exemplo, os pacientes ou os administradores) que têm voz mais privilegiada (2001, p. 200). O relato de Iedema é sem dúvida completo, a ponto de reconhecer várias deficiências da abordagem (2001, p. 200-201). Duas delas são essencialmente os diferentes lados da mesma moeda: os pontos de vista, opiniões, contexto experiencial tanto dos criadores do filme como dos (pretensos) espectadores não estão em lugar nenhum na análise. Reside nisso uma das dificuldades de focalizar, seguindo Durkheim, Marx, Saussure e Lévi-Strauss, entre outros, significados ("latentes") ocultos que transcendem ou estão completamente indisponíveis para aqueles que estão realizando a ação social. Não apenas isso pode ser anti-humanístico (que é mais uma objeção moral do que metodológica) como há certa inevitabilidade na maioria, se não todas, das formas de análise formalista: estabelecem-se critérios que definem dados, os dados assim produzidos são submetidos a um processo formal e cuidadosamente delimitado, e um resultado é produzido.

Uma outra dificuldade com tais abordagens é que elas podem ser inflexíveis; por exemplo, nas aplicações mais pesadamente quantitativas de análise de conteúdo é vital garantir que os codificadores de conteúdo não mudem de ideia nem refinem as categorias no meio do processo. Evidentemente, se um pesquisador, depois de codificar parcialmente uma série de fotografias relativas, digamos, a ocorrências de violência masculina, decidiu que pode ser significativo incluir subcategorias indicando o gênero da(s) pessoa(s) contra quem a violência é dirigida, presumivelmente ele poderia começar tudo de novo. Mas o que garante que a mesma coisa não aconteceria mais uma vez? Entretanto, há uma forma ainda relativamente formalista de análise que incorpora o reexame interativo desde o início. Geralmente conhecida como teoria fundamentada em dados e derivada de um trabalho homônimo de Glaser e Strauss (1967), a abordagem pode também, às vezes, ser objeto de impenetráveis discussões doutrinárias, mas em sua forma mais simples é uma formalização de um princípio já mencionado – que teoria, ou talvez mais exatamente análise, e investigação estão em relação dialética, cada uma influenciando a outra (ver Ball, 1998, p. 133). Um exemplo de teoria fundamentada em dados sendo usada em pesquisa visual, mas em um contexto puramente qualitativo, é discutido no próximo capítulo.

Há muito mais que poderia ser dito sobre as abordagens descritas, mas espero ter dado detalhes suficientes para mostrar as perspectivas gerais.

Uma coisa que tais abordagens formalistas têm em comum é que, mesmo sem ser metodologias estritamente quantitativas, elas aceitam e frequentemente empregam métodos quantitativos em sua execução. Embora estes possam variar de simples contagem e tabulação até testes mais sofisticados de significação, todos têm o efeito de formalizar ainda mais essas formas de análise. Para os defensores da análise formalista, a inclusão de métodos quantitativos fornece maiores garantias de robustez e confiabilidade; os menos apaixonados veem rigidez, inflexibilidade e excesso de simplificação. Contudo, como o assunto deste livro é metodologia qualitativa, e não quantitativa, tenho pouco a acrescentar sobre isso, embora eu retorne às questões de robustez no Capítulo 6 (ver mais sobre análise de dados qualitativos em Gibbs, 2007).

ETNOMETODOLOGIA

A etnometodologia é encontrada basicamente nos departamentos de sociologia, mas é uma abordagem diversificada e tem praticantes em várias disciplinas. Mais uma vez, não há espaço aqui para discutir a disciplina completamente, nem mesmo para resumi-la de forma adequada (ten Have, 2004, é uma boa introdução recente e de relevância metodológica, além de Rapley, 2007), mas o seu núcleo é o estudo das metodologias comuns pelas quais as pessoas obtêm sucesso na interação social. Uma grande área de interesse tem sido a linguagem natural e a conversação (em contraposição à gramática formal), por exemplo, as maneiras como as pessoas decidem se revezar em uma conversação, ou remediar uma conversação que se tornou desagradável por alguma razão. Há, no entanto, alguns exemplos de abordagens etnometodológicas aos materiais visuais e seus usos.

No final de seu curto mas incisivo estudo da análise visual, Ball e Smith discutem rapidamente as abordagens etnometodológicas à análise visual (1992, p. 61-67). Tomam como exemplo vários estudos de prática de ciência, especialmente astronomia, para demonstrar que os físicos usam imagens para criar os fenômenos que estudam, enquanto ao mesmo tempo acreditam, de seu ponto de vista positivista, que os fenômenos que estudam (pulsares neste caso) estão "lá fora" independentemente de seu estudo. O objetivo dos estudos etnometodológicos citados não é relativizar a ciência de laboratório (embora isso seja possivelmente um resultado), mas apenas demonstrar um dos preceitos basilares da disciplina, que a experiência do mundo constitui conhecimento daquele mundo por meio de um processo iterativo. Por um processo de cuidadosa observação, os etnometodólogos descobrem as práticas rotineiras do dia a dia, os métodos, pelos quais as pessoas ordenam suas vidas, nesse caso, suas vidas profissionais. Estritamente falando, os estudos citados por Ball e Smith não são estudos etnometodológicos de sistemas visuais, mas sim estudos de uma prática de trabalho, parte da qual envolve as pessoas observadas, em vez dos pesquisadores, usando imagens.

Alguns estudos etnometodológicos, no entanto, adotam uma abordagem mais obviamente visual. Por exemplo, Heath e Hindmarsh (2002) descrevem como usaram vídeo para registrar interações médico/paciente, que depois são analisadas por meio de uma forma avançada de análise de conversação que presta atenção aos gestos e aparências, bem como à fala.[9] O vídeo também foi usado como método de captação de dados para temas etnometodológicos clássicos, entre eles como as pessoas selecionam assentos em um trem ou negociam a travessia de uma rua em movimentados cruzamentos para pedestres (ten Have, 2004, p. 158). Mesmo nesse ponto pode haver diferenças na orientação inicial, todavia. Heath e Hindmarsh, por exemplo, colocaram sua câmera para capturar o máximo possível no enquadramento, posicionada para observar as faces e os corpos dos médicos e pacientes e usando lentes de ângulo largo. A posição da câmera, portanto, é aquela do observador, supérfluo para a interação social sendo observada. Ten Have, no entanto, dá o exemplo de uma mudança metodológica autoiniciada da parte de um de seus alunos, que muda a câmera do ponto de vista de um observador para o ponto de vista de um participante. Replicando um famoso estudo anterior de um cruzamento de pedestres, o aluno filmou inicialmente de uma posição mais alta, de onde podia ver igualmente todas as pessoas. Entretanto, como Livingston, o autor do estudo original, observou, nenhum dos pedestres pode ver daquela posição mais alta e, portanto, eles não podem empregar esse "conhecimento" para negociar sua passagem pela multidão. Por isso o aluno pôs a câmera no ombro dentro de uma sacola e filmou novamente, dessa vez como um participante na multidão, e tentou adquirir "conhecimento" visual experiencial da ação (ten Have, 2004, p. 159).

Goodwin (2001, p. 157) observa que, "pelos últimos trinta anos tanto a análise de conversação quanto a etnometodologia forneceram extensa análise de como a visão humana é socialmente construída", mas em seguida ele afirma que de fato muitos desses estudos "não são análises de representações ou visões em si mesmas, mas são, em vez disso, a parte desempenhada pelos fenômenos visuais na produção de ação significativa". Sem dúvida, uma versão da mesma afirmação poderia ser feita para a maioria ou para todas as estratégias analíticas descritas até aqui neste capítulo; como afirmado no Capítulo 1, o objetivo da pesquisa social é aprender a respeito da sociedade, e os métodos visuais são um caminho para esse objetivo, não um fim em si mesmos. Porém, muitas das estratégias analíticas mencionadas até aqui envolvem algum tipo de exame da ontologia da própria imagem, embora alguns estudos etnometodológicos pareçam despreocupados com isso. Goodwin (2001, p. 164), no entanto, dá exemplos de estudos em que a imagem ou objeto de visão é reconhecida como fluida em seus poderes representacionais, dependendo daquilo que ele chama de "campos semióticos" múltiplos dentro dos quais ela é localizada e encontrada; ele também reconhece a importância potencial das propriedades ou do *status* material de um objeto visual, um ponto que examino a seguir (ver Rapley, 2007, para mais detalhes).

REFLEXIVIDADE E OUTRAS ABORDAGENS EXPERIENCIAIS

Mencionei acima que um aluno de ten Have procurou compreender o comportamento de uma multidão de pedestres em um cruzamento de trânsito com ele próprio experienciando a multidão (e filmando sua passagem por ela). Minha própria disciplina de antropologia social nos últimos anos reforçou especialmente a ideia de compreensões subjetivas e experienciais de ação social, algo que realmente só é possível investigar em contextos de campo (discutidos no próximo capítulo). No entanto, é possível introduzir a ideia neste momento, especialmente a noção central de reflexividade.

O termo é usado para indicar a consciência que o pesquisador tem de si mesmo, a condução de sua pesquisa e a resposta à sua presença; ou seja, o pesquisador reconhece e avalia suas próprias ações assim como as de outros.[10] Em alguns trabalhos antropológicos recentes, inclusive de análise antropológica visual, isso se tornou uma prática fundamental de metodologia. Como Pink (2001, p. 19) lembra, não é simplesmente uma questão de detectar e eliminar desvios para que a objetividade positivista possa ser restaurada. Ao contrário, a abordagem reflexiva é baseada em um desenvolvimento teórico em antropologia e outras disciplinas que criam representação etnográfica (escrita).

Em meados da década de 1980, aquilo que veio a ser chamado de "a crise de representação"[11] levou os antropólogos a examinar os modos pelos quais a autoridade de um relato etnográfico era criada e sustentada, visto que as estratégias postas em prática em outras áreas da pesquisa social – estudos geradores de evidência estatística em sociologia, por exemplo, ou transcrições extensas de conversações em análise de conversação – eram pouco empregadas. As ferramentas derivadas da crítica literária eram usadas para mostrar como certos aparatos estilísticos ou modelos literários criavam o ar de autoridade sobre o qual repousam os escritos etnográficos: etnografia, como afirmou Edmund Leach (1989) já perto do final de sua vida, é ficção. Entenda-se por "ficção" a ideia de que etnografias escritas – os problemas específicos associados com as etnografias filmadas serão discutidos no próximo capítulo – são relatos construídos, com autores, não descrições transparentes e objetivas da vida dos outros.

A resposta mais niilista à "crise" foi declarar que a antropologia estava acabada, já que suas práticas essenciais – pesquisa de campo de observação participante a longo prazo e escritos etnográficos – agora eram vistas como irremediavelmente comprometidas. Soluções bem mais positivas incluíam a sugestão de que os antropólogos deviam publicar suas anotações de campo e quaisquer outros documentos associados junto com suas etnografias – uma ideia que provavelmente não interessaria às editoras, mas que será retomada no Capítulo 5.

Uma outra ideia relacionada a isso de várias maneiras foi a da reflexividade. Pelo exame de si mesmo por parte do autor, observando como os outros respondem a ele não apenas como pessoa, mas dentro do contexto de raça, classe, gênero e assim por diante, e pela comunicação dessas compreensões ao leitor, o leitor teria uma maior oportunidade de situar o texto, para compreender o ponto de vista ou a perspectiva do etnógrafo. Pink (2001) dá vários exemplos especificamente antropológicos disso em seu livro sobre metodologias visuais, assim como faz Chaplin (1994) com relação à sociologia. De fato, tal reflexividade não precisa ser associada com novas praias do oceano pós-moderno. Como Ruby observa em um artigo originalmente publicado em 1980, uma descrição clara dos processos metodológicos envolvidos é um elemento de rotina nos artigos acadêmicos de ciência (quantos gramas de quais elementos químicos foram misturados, até qual temperatura a mistura foi aquecida, etc.) e uma abordagem reflexiva nas ciências humanas é simplesmente aquela que reconhece o próprio investigador como uma "ferramenta" com a qual a pesquisa é conduzida (Ruby, 2000, Cap. 6).

Há várias outras perspectivas e estratégias analíticas que pedem subjetividade ou desenvolvem e estendem de outras maneiras o princípio de reflexividade em pesquisa visual – fenomenologia (ver Stoller, 1989, sobre aprender a "ver" em Niger), pesquisa de ação (uma variante da teoria fundamentada em dados), uso de recursos próprios de treinamento e habilidades anteriores em um campo das belas-artes (ver Ramos, 2004, sobre produção de pinturas para uma amostra em um instituto de pesquisa etíope), psicanálise de trabalho de imagem (ver Diem-Wille, 2001; Edgar, 2004) –, mas todas elas dependem de pesquisa empírica e interação com os sujeitos de pesquisa e, portanto, são tratadas no próximo capítulo. Por sua vez, a próxima seção considera brevemente não tanto uma perspectiva analítica, mas a consequência de uma observação: as representações visuais muitas vezes são artefatos materiais.

✓ MATERIALIDADE DA IMAGEM

Antes de concluir este capítulo, quero introduzir uma última ideia antes de passar às práticas de pesquisa de campo. Estritamente falando, a materialidade é mais uma propriedade de objetos visuais que pode ser estudada do que uma abordagem analítica ou metodológica propriamente dita. No entanto, se considerarmos as propriedades das coisas visuais antes de embarcar em seu estudo em campo (ou mesmo de pensar sobre elas no ambiente de trabalho), o formato do estudo pode muito bem ser alterado.

Já dei um breve exemplo, extraído do trabalho de Lister e Wells (2001), de como o contexto no qual uma imagem é vista pode alterar as compreensões de como ela é "lida". Embora isso seja muitas vezes ligado analiticamente às possibilidades que a "reprodutibilidade" oferece (Evans e Hall, 1999, p. 3), pode também ser relacionado às propriedades materiais da reprodução.

De forma análoga à distinção entre narrativas externas e internas na leitura de imagens, é importante para o pesquisador social distinguir entre a *forma* de uma imagem visual e o *conteúdo* dessa imagem. Mesmo ligados, forma e conteúdo são pelo menos analiticamente separáveis e muitas vezes é produtivo considerar até que ponto a forma determina e faz a mediação com o conteúdo. Em todos os casos de produção e reprodução mecânica de imagem, tais como vídeo e fotografia fixa ou em movimento, bem como em muitos casos não mecânicos, as características materiais da forma servem para formatar ou até restringir o possível conteúdo. Por outro lado, por meio da tinta ou de outra mídia não mecânica é possível representar tanto as coisas que podem ser vistas a olho nu como as que não podem (mas ver Latour, 1988, sobre a ascensão do racionalismo científico e a consequente dificuldade de representar o paraíso na pintura religiosa).

É claro que a relação entre forma e conteúdo não é fixa e é preciso olhar com atenção até que ponto, se for o caso, um é mais privilegiado do que o outro em qualquer contexto social. A atenção prestada à materialidade da imagem visual, e à materialidade do seu contexto, pode servir para iluminar a distintiva textura de relações sociais nas quais ela desempenha o seu trabalho. Até serem completamente banidos, os painéis de propaganda de cigarros não podiam ser expostos nas proximidades das escolas, por exemplo, enquanto a presença ou ausência de imagens fotográficas e outros elementos visuais não textuais podem ajudar a distinguir um jornal de outro (Kress e van Leeuwen contrastam muito bem a primeira página do jornal *The Sun*, um tablóide britânico, com a da *Frankfurter Allgemeine Zeitung*, uma publicação publicitária alemã: 1996, p. 28-29).

MATERIALIDADE E *O MILHARAL*

Alguns pesquisadores usaram a destinção forma *versus* conteúdo para problematizar o "significado" atribuído a uma imagem visual. Por exemplo, Chaplin (1998) escreve sobre uma exposição na Galeria Nacional em Londres, que pôs em foco uma única pintura, *The Cornfield*, de John Constable (1826). Antes da exposição, o organizador e a equipe da Galeria usaram anúncios em um jornal local e ao lado da própria pintura na galeria para encontrar membros do público que tinham reproduções da pintura em suas casas. Algumas dessas reproduções passaram então a fazer parte da exposição, junto com uma fita de vídeo na qual as pessoas descreviam o que a pintura (ou a reprodução dela) significava para elas (Chaplin, 1998, p. 303-304). As reproduções selecionadas estavam em uma variedade de mídias, mas eram tipicamente objetos utilitários decorados com a reprodução de uma parte ou de toda a pintura: toalhas de cozinha, pratos, telas de lareira, dedais, relógios, papel de parede.

Uma das descobertas de Chaplin (1998, p. 303) foi que algumas das 45 pessoas que responderam ao anúncio do jornal "não sabiam da existência de uma pintura original e nunca tinham ouvido falar de John Constable". Os objetos domésticos, mesmo quando não usados para seus propósitos funcionais mas expostos ornamentalmente (com eram sem dúvida os pratos e dedais decorados), faziam parte de um conjunto de itens materiais dentro das casas que transmitiam significado nas conversações entre uns e outros e entre seus donos e suas visitas. Vagas mas reconfortantes associações a um passado rural dourado, a dias de lazer no campo e à inocência da infância eram despertadas pela forma material, a existência e o arranjo dos objetos decorados. É o consumo de bens materiais e seu conteúdo decorativo que parece dar significado a esses artefatos visuais, não apenas sua associação com o que Alfred Gell chamou de "culto da arte" (Gell, 1992, p. 42; ver também Gell, 1998, p. 62-64, 97).

Nesse exemplo, as formas materiais da reprodução de Constable colocam seus proprietários em uma relação especial com o mundo da arte (Becker, 1982), que dá significado à pintura, mesmo sendo essa posição bastante periférica antes da exposição de 1996. Chaplin, no entanto, não discute como essas imagens visuais se posicionam em relação a outras imagens visuais em suas casas, nem como elas atuam como mediadores ou representam relações entre seus proprietários e outras pessoas de seu ambiente social mais imediato (ver Rapley, 2007, sobre análise de discurso).

Exibição fotográfica

O lugar dos objetos na casa é tratado por David Morley, que cita vários estudos para mostrar que os aparelhos domésticos de televisão funcionam muitas vezes como uma mídia dual para exibir imagens visuais, já que há uma tendência geral de se colocar uma variedade de objetos físicos em cima do aparelho, mas especialmente fotografias, recebendo assim o espectador duas imagens pelo preço de uma, por assim dizer (Morley, 1995, p. 182 ff.). Na Euro-América as fotografias exibidas em cima dos aparelhos de televisão são normalmente fotografias de família, muitas vezes retratos de estúdio ou pelo menos fotografias posadas representando eventos importantes do ciclo de vida, ao contrário das fotos instantâneas de feriados, que tendem a ficar escondidas dentro de álbuns para consumo mais íntimo. A forma é geralmente secundária em relação ao conteúdo em tais imagens, e até um certo ponto a parte superior do aparelho de televisão funciona como um tipo de altar para a exibição de imagens significativas da família e outros objetos, como ornamentos de porcelana e lembranças de viagens, e a superfície limitada, semelhante a uma plataforma, funciona como espaço mais adequado do que uma série de prateleiras ou outras peças de mobiliário que já são destinadas a suportar objetos, como uma mesa ou uma estante. Os topos de lareiras, nas casas que as apresentam, podem ter funções semelhantes às de um altar. Ainda que seja um altar, geralmente não há relevância especial atribuída a fotografias dos mortos, em contraposição marcante com exibições fotográficas em outros lugares.

Na Índia, longe dos centros metropolitanos, as fotografias de família raramente são exibidas em cima de aparelhos de televisão. Mais particularmente, as fotografias dos vivos também estão raramente à mostra em qualquer contexto, mas ficam geralmente guardadas em álbuns (os ubíquos álbuns de casamento) ou enfiadas em seus envelopes dentro de gavetas ou caixas. As fotografias dos mortos, no entanto, estão frequentemente à mostra. Em geral, são fotografias tiradas em vida, às vezes explicitamente na meia-idade ou na velhice a fim de serem usadas subsequentemente como imagens memoriais. Pinney cita exemplos de fotografias de casamento, ou outras que já existem, que são retrabalhadas para representação memorial quando não existe nenhuma outra imagem; ele também cita casos de fotografias *post-mortem* que são tiradas pela família ou por fotógrafos profissionais e usadas como base de uma imagem memorial retocada (Pinney, 1997, p. 139, 205).

Na maioria desses casos, a materialidade da imagem é demarcada, às vezes de forma literal. Em lares urbanos relativamente mais abastados que visitei no oeste da Índia, onde houve acesso a retratos fotográficos de estúdio durante as últimas poucas décadas, uma prática normal é ampliar uma fotografia de estúdio feita no auge da vida de uma pessoa morta, para, às vezes, mandar colorir à mão e depois emoldurar e pendurar em lugar de destaque na parede. Nos lares hindus é comum pendurar uma coroa de flores frescas ou artificiais em torno da moldura das imagens no aniversário da morte da pessoa. Pode-se queimar incenso diante de tais fotografias e marcar as testas das pessoas representadas com um pingo de carmim ou pasta de sândalo. As imagens fotográficas dos mortos, misturadas com fotografias e representações artísticas de pessoas e lugares sagrados, podem ser vistas também fora do contexto doméstico, nos locais de encontro de grupos religiosos e comunidades de casta, por exemplo (onde os mortos seriam líderes religiosos ou comunitários venerados). Em casos como esses o conteúdo das imagens é obviamente importante, mas de igual importância é a forma material em torno da e sobre a qual os atos sociais são desempenhados. No contexto doméstico, há pouco ou nenhum espaço para uma "mera" fotografia de um membro vivo da família.

☑ OBJETO, ANÁLISE E MÉTODO

Embora não seja estritamente uma estratégia analítica, uma consideração dada às propriedades materiais das imagens, incluindo o simples fato de sua existência material, pode ajudar a fundamentar muitas das estratégias analíticas discutidas neste capítulo em um contexto empírico. É claro que há muitas outras posições e estratégias que podem ser e foram informadas pela análise visual na pesquisa sociológica. No entanto, o objetivo deste capítulo foi dar uma amostra de algumas das posições mais comuns em relação à análise de imagens preexistentes. O próximo capítulo retoma o foco principal deste livro, a metodologia da pesquisa visual no campo, que envolve tanto a criação como a análise de imagens. Entretanto, antes de chegar lá, uma avaliação dos modos de análise discutidos pode ser necessária. Como o pesquisador social deve escolher entre eles? Será possível identificar estratégias de pesquisa específicas – desde o início do projeto até sua execução, finalização e divulgação – que sejam de alguma forma "melhor" ou "pior" do que outras?[12] A resposta mais curta é "não", pelo menos não em termos absolutos. Sem dúvida, da minha própria perspectiva analítica, é difícil dizer que alguma estratégia ou forma de análise específica é fundamentalmente certa ou errada. Apesar de minha afirmação no início deste capítulo de que teoria e método são inextricavelmente entrelaçados, a maneira exata como se dá esse entrelaçamento depende, em última análise, da escolha do pesquisador, sendo a exigência mínima simplesmente uma questão de consistência. Portanto, o capítulo a seguir apresenta uma variedade de métodos adotados por pesquisadores sociais visuais, com pouca discussão explícita da teoria que pode informar essas abordagens. O pesquisador é incentivado a pensar por si mesmo sobre esses métodos e seus fundamentos epistemológicos, com um espírito inquisitivo e eclético, a considerar cuidadosamente quais deles ele quer adotar bem como e por quê.

PONTOS-CHAVE

- A sociedade euro-americana está saturada de imagens visuais: uma interessante experiência de pensamento para um pesquisador é tentar imaginar como a área de estudo escolhida "pareceria" se todas as formas visuais fossem removidas. Isso deveria ajudar o pesquisador a identificar o que a imagem visual está acrescentando, se é que ela acrescenta algo.
- As imagens, mesmo aquelas criadas pelo pesquisador, devem sempre ser consideradas em contexto, especialmente os contextos de produção, consumo e troca. Mesmo que o projeto específico do pesquisador focalize apenas um desses detalhes, ainda assim todos os outros contextos devem ser considerados.
- Embora seja evidente a necessidade de observar com toda atenção o conteúdo das imagens, a forma material na qual as imagens são encontradas tem muitas vezes igual importância. Mais uma vez, como experiência de pensamento, os pesquisadores podem querer imaginar que efeito uma mudança na forma material das imagens em estudo causaria na análise; por exemplo, será que uma sequência de fotografias fixas "funciona" melhor do que uma sequência curta de gravações em vídeo?

LEITURAS COMPLEMENTARES

O livro de Gillian Rose fornece uma introdução muito clara às formas de análise visual não baseadas em pesquisa de campo, como faz a primeira metade do livro de Emmison e Smith. Ambos são livros didáticos que contêm exercícios. Victoria Alexander oferece uma visão panorâmica mais concisa em um volume que contém outros importantes capítulos sobre pesquisa (não visual) qualitativa. Evans e Hall (1999) e Mirzoeff (1999) são coleções de ensaios muito citados, ambos da ampla perspectiva dos estudos culturais, mas a leitura dos dois volumes feita por Souza destaca diferenças importantes entre eles. Gibbs mostra um panorama da análise de dados qualitativa, enquanto Rapley apresenta uma visão geral da análise do discurso e da conversação.

Alexander, V. (2001) 'Analysing visual materials', in N. Gilbert (ed.), *Researching Social life*. London: Sage, p. 343-57.

de Souza, L. M. T. M. (2002) 'Review of: Jessica Evans e Stuart Hall (eds), *Visual Culture: The Reader*. London: Sage, 1999 e Nicholas Mirzoeff (ed.), *The Visual Culture Reader*. London: Routledge, 1998', *Visual Communication*, 1:129-36.

Emmison, M. and Smith, P. (2000) *Researching the Visual: Images, Objects, Contexts and Interactions in Social and Cultural Enquiry*. London: Sage.

Gibbs, G. (2007) *Analyzing Qualitative Data*. (Book 6 of *The SAGE Qualitative Research Kit*). London: Sage. Publicado pela Artmed Editora sob o título de *Análise de dados qualitativos*.

Rose, G. (2001) *Visual Methodologies: An Introduction to the Interpretation of Visual Materials*. London: Sage.

Rapley, T. (2007) *Doing Conversation, Discourse and Document Analysis* (Book 7 do *The SAGE Qualitative Research Kit*). London: Sage.

4

MÉTODOS VISUAIS E PESQUISA DE CAMPO

Objetivos do capítulo

Após a leitura deste capítulo, você deverá:
- conhecer uma variedade de métodos visuais empregados durante o trabalho de campo;
- saber mais sobre a agenda de colaboração entre pesquisador e sujeitos de pesquisa;
- estar ciente das preocupações éticas comuns em pesquisa visual.

QUADRO 4.1 PESQUISA DE CAMPO E ETNOGRAFIA

Todas as disciplinas de ciência social tem alguma tradição em pesquisa de campo, de pesquisadores deixando o gabinete e a biblioteca para levantar material empírico pela interação direta com seus sujeitos de pesquisa. Isso pode variar de relativamente breve e focado (passar umas poucas manhãs observando interações médico/paciente em um bloco cirúrgico, por exemplo) a demorado e abrangente (passar dois anos vivendo com um grupo nômade de pastores de gado). Enquanto algum trabalho de campo, particularmente aquele orientado para a pesquisa quantitativa, pode envolver a administração relativamente direta de questionários ou outras formalidades, os métodos visuais têm maior probabilidade de ser utilizados em interações de campo mais complexas. Junto com entrevistas e observações, a prática metodológica de pesquisa de campo mais comum é a etnografia. Originalmente exclusivo da antropologia social, o uso do método etnográfico tornou-se comum em muitas, se não em todas, as disciplinas das ciências sociais, embora coisas diferentes sejam dadas a entender pelo termo. Em algumas formas de pesquisa, "etnografia" simplesmente significa a observação do comportamento natural das pessoas em seu próprio ambiente, distante do ambiente artificial de um laboratório ou outro cenário ao qual os sujeitos de pesquisa tenham sido convidados. Para muitos antropólogos sociais, contudo, significa muito mais do que isso, implicando um comprometimento com as vidas das pessoas que pode durar até uma vida inteira e que certamente envolve encontros sociais e obrigações complexas e em múltiplos níveis.

A pesquisa etnográfica de campo tende a ser holística, procurando compreender todos os aspectos da vida das pessoas como um todo; mesmo que o foco de um estudo seja algum aspecto de vida específico, por exemplo o comportamento econômico, isso ainda é compreendido no contexto mais amplo de suas experiências de vida e do ambiente social. A pesquisa etnográfica de campo tende também a buscar uma compreensão do que as pessoas realmente fazem, em contraposição ao que elas dizem fazer, ou ao que as "regras" da sociedade diriam que elas devem fazer. Finalmente, o trabalho de campo etnográfico visa a investigar o conhecimento tácito – aquelas coisas que as pessoas sabem, ainda que não saibam conscientemente que sabem. Como, por exemplo, as pessoas na Inglaterra contemporânea "sabem" como tirar uma "boa" fotografia, isto é, uma que seja reconhecida como tal por seus pares? Extenso trabalho de campo etnográfico de longo prazo faculta ao pesquisador social o uso de diversas metodologias ao longo de sua investigação, desde técnicas formais de entrevista – talvez para trazer à tona o que as pessoas dizem – até observação e gravação de vídeo – para ver o que pessoas fazem. As metodologias visuais tendem, em conjunto, a ser mais exploratórias do que outras e, portanto, em acordo com o espírito inquisitivo da investigação etnográfica (ver também Angrosino, 2007).

MÉTODOS VISUAIS NO CAMPO

Examinando o conteúdo deste livro ao fim do Capítulo 1, expliquei a razão de colocar o capítulo anterior, sobre análise visual, antes deste capítulo sobre metodologia de pesquisa visual. A explicação foi simplesmente que

FIGURA 4.1 Paul Henley e Georges Drion filmando um desfile na festa de São João em Cuyagua, Venezuela. Por meio da exploração etnográfica visual, a importância do santo para a população negra da costa caribenha da Venezuela se torna clara (fotografia de Dominique Nedelka, Cortesia de Paul Henley).

antes de embarcar na "coleta de dados", um pesquisador deve ter uma noção do que planeja fazer com as informações na sequência. Entretanto, há também um outro aspecto. Muitas das estratégias analíticas descritas no capítulo anterior, especialmente as mais formalistas, se relacionam à análise das imagens encontradas, não criadas pelo pesquisador, tais como as imagens de anúncios publicitários. Em alguns casos, como a análise de Robinson (1976) de fotografias de pelos faciais de homens em fotografias impressas na *Illustrated London News*, a integridade da investigação teria sido seriamente comprometida se os editores de fotografia da revista tivessem a menor ideia de que tal investigação pudesse ocorrer, influenciando, assim, sua seleção de fotografias para publicação. Em contraste, o foco deste capítulo consiste nos métodos e justificações analíticas segundo os quais os pesquisadores podem criar imagens em situações de "vida-real" no campo de pesquisa ou fazer com que membros da sociedade reflitam sobre imagens.[1]

Estritamente falando, há poucos métodos novos ou particularmente originais de coleta de dados visuais, se houver algum, e talvez seja mais exato falar de acrescentar uma dimensão visual aos métodos convencionais de coleta de dados, ou acentuar os que já existem. Por exemplo, as técnicas de filme e foto-elicitação, discutidas a seguir, são realmente maneiras de estender os métodos sociológicos mais comuns de entrevistar. Embora os métodos descritos possam acrescentar ou de fato alterar significativamente o curso de uma entrevista convencional, muitas das questões, se não todas, são discutidas em outros volumes da *Coleção Pesquisa Qualitativa* (p. ex., Kvale, 2007; Barbour, 2007) continuam pertinentes. Ao mesmo tempo, é preciso notar que as imagens visuais não são os únicos estímulos que podem ser introduzidos em uma entrevista; etnógrafos de museu, por exemplo, podem perfeitamente usar objetos em vez de imagens para provocar respostas dos informantes.

Como discutido no capítulo anterior, a orientação analítica do pesquisador pode muito bem ditar a natureza da pesquisa de campo conduzida, se houver uma. Uma breve incursão de coleta dados para subsequente análise de conteúdo pode requerer pouco tempo e pouca ou nenhuma interação com sujeitos humanos; por exemplo, fotografar uma amostra representativa de grafite para um projeto sobre espaço e identidade do jovem urbano. Alternativamente, um projeto sobre espectadores de televisão e construção de gênero com base em uma abordagem interpretativista à vida social, orientada de forma reflexiva, pode dedicar comparativamente pouco tempo ao que assistido na televisão propriamente dito e muito tempo à conversa informal sobre os programas de televisão, em bares e cantinas de empresa. Uma das forças das metodologias visuais em particular está na natureza inevitavelmente aberta da investigação. Resistindo a interpretações únicas, imagens podem fazer emergir todo um leque de caminhos alternativos de questionamento. Discuti em outro lugar como um interesse inicialmente casual por desenhos de bordados indianos me levou, por meio de entrevistas com informantes do sexo masculino e feminino, a perceber coisas novas nas estratégias de matrimônio, migração e ideologias de gênero, apesar de eu vir discutindo esses tópicos com esses informantes ao longo de vários anos (Banks, 2001, p. 73-79). Retomarei o caráter exploratório e revelador das metodologias visuais no final do Capítulo 6.

■ FOTO-ELICITAÇÃO E OUTROS MÉTODOS QUE UTILIZAM IMAGENS ENCONTRADAS E UTILIZADAS NO CAMPO

Antes de entrar nos detalhes da foto-elicitação e de outros métodos, vale a pena lembrar que imagens encontradas em campo de pesquisa[2] são objetos ou são encontradas em um contexto material. Consequentemente, pode-se dizer que tais objetos têm biografias (Appadurai, 1986) no sentido de terem se emaranhado anteriormente com as vidas das pessoas, que podem ser importantes para o papel que desempenham na sociedade quando encontrados pelo pesquisador.[3] Usar arquivos fotográficos para despertar memórias ou provocar comentários de informantes no decorrer de uma entrevista, por exemplo, envolve um reconhecimento de pelo menos três inserções sociais ou quadros.

Primeiro, há o contexto da produção original. Talvez um fotógrafo tenha visitado uma pequena comunidade rural nos primeiros anos deste século e tirado uma série de imagens. Ele pode ter sido um viajante metropolitano de classe média em férias usando sua nova câmera para registrar cenas e imagens de provincianos bizarros, ou um funcionário do governo documentando o vilarejo e seus arredores para propósitos de possível estratégia e planejamento militar futuro, ou, ainda, um fotógrafo profissional itinerante com um estúdio móvel esperando tirar e depois vender alguns retratos de moradores locais. Então há o contexto das histórias subsequentes das fotografias. Talvez elas ou os negativos tenham ficado juntos em um baú em um sótão ou em uma prateleira de loja, com ou sem etiquetas de identificação, para serem eventualmente vendidas em leilão, doadas a uma biblioteca ou acervo fotográficos ou divididas entre os membros de uma família, até que em algum ponto elas ou suas cópias chegaram às mãos de pesquisador social. Ambos esses quadros servem para editar o *corpus* de fotografias. Primeiro, as fotografias originais representam uma parte finita da infinidade de todas as fotografias possíveis que poderiam ter sido tiradas naquela ocasião, e mesmo aquela parte finita é provavelmente apenas um subconjunto de todas as fotografias tiradas que queimaram ou foram danificadas na revelação e descartadas. Segundo, em sua história subsequente uma coleção fotográfica pode ter sido desmembrada para venda, ou um acervo aceito apenas parte que era considerada relevante para sua política de coleção, ou todas as fotografias de uma notória ovelha negra podem ter sido subsequentemente destruídas por uma família. Assim, quando o terceiro quadro é considerado – o contexto em que o pesquisador social mostra as fotografias no decorrer de uma entrevista – as inserções anteriores das imagens influenciam o que acontece a seguir, a mão assombrada de todas as inserções sociais anteriores levita sobre a inserção atual.

ASSISTINDO À TELEVISÃO

Embora não necessariamente, talvez a forma mais "passiva" de pesquisa visual de campo envolva observar pessoas assistindo à televisão e depois entrevistá-las sobre isso: elicitação de filme (ou televisão). Ela é passiva em dois sentidos: primeiro, o pesquisador tem pouco ou nenhum controle sobre as imagens sendo vistas; segundo, em alguns casos, a pesquisa pode consistir em pouco mais que observação, embora seja geralmente combinada com alguma forma de indagação. Embora o produto final da televisão possa ser ele próprio o objeto de estudo (o foco de abordagens dos estudos de mídia), nesta seção estou preocupado basicamente com estratégias que incluem o consumo de programas de televisão como um aspecto de um projeto de pesquisa social mais amplo, em vez de como um fim em si mesmo.

Tal abordagem significa considerar o contexto em que a televisão é consumida. Por exemplo, James Lull defende uma abordagem que ele descreve como "etnográfica", querendo dizer com isso que os pesquisadores deveriam passar entre três e cinco dias vivendo com uma família em sua casa e anotando escolhas de programação, conversas sobre programas de televisão, o grau em que a televisão é realmente assistida ao contrário de ficar fornecendo ruído de fundo para outras atividades, e assim por diante (Lull, 1990, p. 174 ff.). Em uma pesquisa, Lull enviou estudantes de graduação instruídos a 85 casas em uma cidade do sul da Califórnia por dois dias para conduzir esse tipo de observação "etnográfica", seguida de uma sessão de entrevista estruturada no terceiro dia a fim de investigar os usos sociais da televisão, por exemplo, como um substituto para a educação ou auxiliar na solução de problemas (1990, p. 51-60). Lull defende esse tipo de abordagem por uma série de razões, não sendo a menor delas o fato de que os dois dias de observação proporcionaram um grau muito mais alto de confiança e cooperação dos sujeitos de pesquisa do que seria o caso se os pesquisadores tivessem simplesmente batido à porta com um questionário. Lull destaca, como muitos outros pesquisadores sociais, que ganhar acesso à intimidade de uma família euro-americana por um período prolongado não é um problema simples, seja qual for a natureza da pesquisa, e a taxa de recusa é alta. Por isso, a construção de uma amostragem aleatória ou estratificada a partir de uma lista de eleitores, rol de votação ou catálogo telefônico tem pouca chance de sucesso. Como outros, Lull (1990, p. 175) defende a aproximação com organizações de bairro, estabelecendo confiança com elas (o que pode envolver permissões e possivelmente a modificação da pesquisa) para depois contatar seus membros com a aprovação e o apoio da organização.

O autor também discute rapidamente o que se pode chamar de técnicas de vigilância remota de pesquisa: instalar câmeras e microfones nas casas (com o conhecimento e consentimento das famílias envolvidas) para gravar cada detalhe da prática de audiência (1990, p. 164, 177). Estudos sociológicos e psicológicos como esse têm revelado o que a maioria de nós já sabe por experiência própria: que a maioria dos euro-americanos passa um tempo considerável não assistindo a televisão quando ela está ligada. Peter Collett, um psicólogo que empregou câmeras sobre os aparelhos de televisão para observação, de fato demonstrou que aqueles que passam mais tempo fisicamente em frente ao aparelho passam menos tempo realmente olhando para a tela (citado em Lull, 1990, p. 164; ver também Root, 1986, p. 25-26). Seguindo essa linha, Morley sugeriu que a televisão deveria ser considerada basicamente como uma mídia sonora com imagens. Morley cita seu próprio trabalho, bem como o de outros, para confirmar que uma questão aparentemente simples de um pesquisador - "O que você gosta de assistir na televisão?" - não tem uma resposta simples. "Você quer dizer sentando para olhar?", respondeu uma mulher da própria amostragem de Morley. "Sentar para olhar", para essa mulher e presumivelmente para muitas outras, era uma rara eventualidade. Mais tipicamente, ela estaria *escutando* a televisão da cozinha, apenas indo à sala onde estava o aparelho para dar uma olhada ocasional na tela (Morley, 1995, p. 174).

Mesmo considerando o contexto mais amplo da prática de audiência, o trabalho de Morley e Lull, pelo menos nos casos citados, ainda está basicamente preocupado com a própria televisão, e não com a vida social de modo mais genérico, dentro da qual assistir televisão é apenas uma parte. Um antropólogo teria dificuldades especialmente com a abordagem "etnográfica" de Lull. Normalmente, um antropólogo estaria conduzindo amplas investigações etnográficas em uma cidade ou aldeia ao longo de vários meses, durante os quais ele poderia decidir passar algum tempo observando a prática de assistir televisão. Tal observação pode ser não estruturada, com o antropólogo simplesmente tomando notas cada vez que sua visita a uma casa coincidisse com uma sessão de televisão e incrementando os resultados mais tarde, ou poderia adotar um método de amostragem padrão, visitando uma amostra aleatória ou estratificada de lares na comunidade em intervalos determinados ao longo de um mês ou mais. De uma forma ou de outra, a confiança e a familiaridade a que Lull se refere já teriam sido estabelecidas pela residência contínua na comunidade e das técnicas normais de observação participante, e não estariam especificamente conectadas ao estudo da prática de assistir à televisão.

ASSISTINDO À TELEVISÃO NO EGITO

Uma tal abordagem é exemplificada no estudo antropológico do consumo de televisão no Egito, de Abu-Lughod – ou antes, o estudo de Abu-Lughod da modernidade no Egito, uma parte do qual analisava a televisão (1995). Ela examina o conteúdo de um seriado popular de televisão, *Hilmiyya Nights*, e a resposta dos espectadores. Transmitida por cinco anos a partir do final da década de 1980, a série mapeava as relações entre dois homens ricos e suas famílias do bairro de Hilmiyya, no Cairo, ao longo de meio século. Os produtores do seriado, contudo, não queriam que ele fosse uma novela (onde a narrativa é normalmente conduzida pelas relações interpessoais dos personagens), mas queriam que fosse didático, usando a história de vida dos personagens para informar os espectadores sobre a história política do Egito pós-Segunda Guerra Mundial e promover um ideal de unidade nacional (1995, p. 196). Não foi assim necessariamente que os informantes de Abu-Lughod o entenderam, todavia. Embora ela tenha entrevistado os realizadores do programa e outros indivíduos na indústria egípcia de televisão para ter uma noção das intenções do seriado, ela já estava fazendo pesquisa de campo em um vilarejo próximo a Luxor no Alto Egito, a centenas de quilômetros da capital, Cairo. Além disso, ela também entrevistou trabalhadoras domésticas no Cairo.

Sua principal conclusão nessa pesquisa é que a importância política e social do seriado era mais uma construção dos seus produtores do que uma percepção dos espectadores. Os produtores, cidadãos educados de classe média, construíram para si um público "que precisava ser iluminado" e criaram um produto – *Hilmiyya Nights* – para atender a essa "necessidade" (1995, p. 199-200). Tanto os empregados domésticos do Cairo como os camponeses do Alto Egito gostavam bastante de assistir ao seriado, mas pareciam intocados por suas mensagens sociais e políticas de autoconfiança, autonomia política e anticonsumismo, recebendo-as como recebiam a torrente de outras mensagens de novelas americanas, programas de entrevistas locais e propagandas de tênis de corrida (1995, p. 206-207). Abu-Lughod afirma que a experiência de televisão deles era compartimentalizada, sem qualquer conexão com sua experiência de vida, e que *Hilmiyya Nights* foi apenas um item naquele compartimento. Mesmo a meta autoproclamada do seriado, de apresentar às classes trabalhadoras urbanas e aos trabalhadores rurais uma forma de modernidade nobre e virtuosa, devolvendo-lhes conhecimento de sua própria história nacional, foi muito curta e chegou tarde demais. Como Abu-Lughod ironicamente comenta, os espectadores já estavam bem familiarizados com a modernidade: "a forma mais comum de modernidade no mundo pós-colonial: modernidade de pobreza, desejos de consumo, subemprego, saúde combalida e nacionalismo religioso" (1995, p. 207).

A principal lição a ser extraída do estudo de Abu-Lughod pelo pesquisador social que pretende pesquisar televisão é de um alívio surpreendente: talvez a televisão não seja tão socialmente importante quanto os seus produtores gostariam que acreditássemos. A televisão, talvez o mais egocentrado e autoabsorvente dos meios de comunicação de massa, constantemente constrói os seus próprios espectadores, exerce sua influência dentro de uma sala de espelhos, alterando sua produção para atender às necessidades desses espectadores construídos, encomendando depois novas pesquisas para avaliar o sucesso dessas mudanças em cima dos objetos construídos. Os pesquisadores sociais talvez precisem ter um cuidado especial ao entrar nesse círculo encantado, para certificarem-se do estabelecimento de seus próprios parâmetros em vez de aceitar indiscriminadamente aqueles previamente estipulados. Uma saída é aceitar as sugestões do capítulo anterior e ter cuidado com a materialidade da cultura visual, nesse caso, o lugar material e social do aparelho de televisão e seu produto final. Uma consequência disso é distanciar a análise dos primeiros modelos de audiência televisiva da comunicação. Apesar da escola de análise da "resposta do leitor" ou focada na audiência que se desenvolveu nas décadas de 1970 e

1980 ter decentralizado a noção do produtor de mídia atuando como agente único (ver Morley, 1996, para uma boa e recente visão geral; ver também Banks, 1996, p. 118-124), com espectadores apenas como sujeitos passivos da ação do produtor, ainda assim, mesmo dando condições aos espectadores de interpretar mensagens midiáticas de acordo com sua classe, gênero ou bagagem étnica, ela repousava na premissa de mensagens sendo enviadas, recebidas e interpretadas.

Uma vantagem da abordagem de Abu-Lughod é que, por a televisão não ser o foco principal da pesquisa, ela não estava sob pressão metodológica para confirmar sua importância na vida diária. Parece banal, mas talvez necessário, indicar que qualquer investigação social que tome a televisão como seu objeto primário de estudo é quase obrigada a justificar-se no final ao confirmar que a televisão é de fato extremamente importante. Abu-Lughod, imune a qualquer compromisso desse tipo, está livre para concluir que *Hilmiyya Nights*, embora sem dúvida popular, foi dificilmente um fator-chave na introdução dos camponeses egípcios à modernidade.

PRODUÇÃO TELEVISIVA

Embora o estudo da programação de televisão, isoladamente ou em um contexto mais amplo, seja um pilar da pesquisa em estudos de meios de comunicação, surpreendentemente existem poucos estudos empíricos da produção de televisão (ou filme). Um motivo para isso pode ser que poucos espectadores comuns sabem muito sobre os processos tecnológicos e sociais envolvidos e que, portanto, sua "leitura" da televisão acaba não sendo afetada por eles. Como consequência, muitas pesquisas sociais sobre televisão se concentraram no consumo, ocasionalmente tratando espectadores como tanques passivos preenchidos com mensagens mais ou menos saudáveis, mas mais recentemente vendo espectadores como sujeitos ativos engajados na construção de significado (mas ver Morley, 1992, p. 26-39 para algumas ressalvas e advertências).

Morley indica que há, de fato, conexões entre a produção e o consumo. Sua avaliação da televisão como rádio-com-imagens é, segundo o autor, partilhada pelos produtores de televisão. Quando foi introduzida para o consumo massivo na América nos anos de 1950, a televisão era concebida por seus criadores como uma forma de cinema doméstico, requerendo a plena atenção visual do espectador. Infelizmente, também foi percebido que as mulheres, na qualidade de consumidoras domésticas principais, com tanto trabalho para fazer em casa simplesmente não teriam tempo para olhar de forma concentrada e, portanto, desligariam o aparelho, perdendo os cruciais intervalos comerciais.

A solução que gradualmente emergiu para este problema [...] foi a remodelagem da programação televisiva, não mais em um esquema de "cinema privado" demandando muita atenção visual, mas no modelo do rádio: televisão como "rádio com imagens", onde a narrativa é primordialmente conduzida por trilha sonora e as imagens desempenham um papel subordinado, "ilustrativo". (Morley, 1995, p. 177)

Donas de casa ocupadas podiam agora manter seus televisores constantemente ligados enquanto trabalhavam, vindo ocasionalmente ver as imagens enquanto acompanhavam de fato a trilha sonora. Um aumento de volume no início do intervalo comercial chamaria sua atenção e as traria de volta à sala. Mirzoeff (1990) discorda dessa linha, começando com o simples fato de que os dispositivos de controle remoto sempre contêm um botão para cortar o som, mas nunca um botão para cortar a imagem.[4] Enquanto um modelo de rádio-com-imagens pode ser apropriado para certos tipos de programação, como notícias e atualidades, outros tipos como novelas e esportes demandam – e recebem – atenção visual e auditiva concentrada (1999, p. 10).

A pesquisa empírica é, portanto, necessária para estabelecer como os programas televisivos são feitos e o que os produtores pensam estar fazendo e por quê. Em uma das mais exaustivas investigações sobre como se faz televisão, o sociólogo de mídia Roger Silverstone passou a maior parte de dois anos com a equipe de produção da BBC, acompanhando as etapas de um programa de ciência das reuniões iniciais de produção até a eventual exibição. Silverstone (1985) publicou seu relato como um diário estendido, que embora repleto de detalhes dá poucas indicações de sua metodologia de pesquisa. A implicação é que o estudo da produção televisiva requeriu pouca ou nenhuma habilidade especial (embora o próprio Silverstone já tivesse sido empregado como pesquisador da BBC e até certo ponto estivesse familiarizado com os processos). Isso provavelmente é a pura verdade; não há nada de misterioso na produção de televisão, e observar o processo não deve ser mais problemático do que observar processos sociais dos atores em qualquer organização. Silverstone não pretende apresentar uma análise visual, e não há ênfase obviamente visual em seu relato. O que ele de fato faz, contudo, é embasar tópicos de produção sociológica e empiricamente, tal como em sua descrição de como decisões são tomadas pelo produtor e editor para usar legendas em vez de comentário *voice-over* para traduzir diálogos em língua estrangeira.

☑ FOTO-ELICITAÇÃO

Os exemplos da seção anterior diziam respeito a projetos de pesquisa que buscavam ampliar o estudo da televisão de uma mera "leitura" pelo pesquisador (por meio da análise de conteúdos, por exemplo) para incluir pesquisa sobre os produtores e consumidores. Os pesquisadores tiveram pouco ou nenhum controle sobre as imagens vistas pelos seus sujeitos de pesquisa, e o processo nesse sentido é bastante passivo. O pesquisador pode ser mais ativo se selecionar as imagens a serem vistas e, embora isso possa ser feito com filme e televisão (ver a seguir), é muito mais fácil com fotografias fixas.

A *foto-elicitação* é um método simples de compreender mas bem mais difícil de utilizar. Envolve o uso de fotografias para evocar comentários, memória e discussão no decorrer de uma entrevista semiestruturada. Exemplos específicos de relações sociais ou forma cultural retratadas nas fotografias podem se tornar a base para uma discussão de generalidades e abstrações mais abrangentes; reciprocamente, memórias vagas podem ganhar foco e acuidade, desencadeando um fluxo de detalhe. Segundo John e Malcolm Collier (1986, p. 105-107), um benefício adicional é que a timidez que uma pessoa entrevistada pode sentir ao ser posta em evidência e examinada pelo entrevistador pode ser diminuída pela presença de fotografias para discutir; o contato direto do olhar não precisa ser mantido, mas em vez disso a pessoa entrevistada e o entrevistador podem tomar as fotografias como um tipo de terceira parte neutra. Os silêncios embaraçosos podem ser preenchidos enquanto ambos olham as fotografias e, em situações nas quais a diferença de *status* entre entrevistador e entrevistado é grande (como entre um adulto e uma criança) ou quando o entrevistado sente que está envolvido em algum tipo de teste, o conteúdo fotográfico sempre oferece algo para se conversar a respeito. Embora os princípios básicos da foto-elicitação dependam de uma leitura razoavelmente transparente da narrativa interna do conteúdo fotográfico, as questões de polivocalidade fotográfica e a complexidade do emaranhamento de objetos fotográficos nas relações sociais humanas significam que a foto-elicitação (e a mais raramente utilizada elicitação de filme) não é sempre tão direta na prática.

Para fins de esclarecimento, podemos examinar a variação na prática da foto-elicitação considerando as fontes e os tipos de fotografias utilizadas, indo desde os exemplos onde o pesquisador social tem pouco controle sobre a seleção das imagens, normalmente aquelas que as pessoas pesquisadas já possuem, até aqueles onde ele desempenha um papel mais ativo, inclusive tirando as fotografias com intenções específicas de pesquisa (tentativas mais colaborativas são discutidas em uma seção posterior). Em todos os casos, parece que o valor sociológico (em oposição ao, digamos, psicológico) de tais projetos é solidamente apoiado em imagens que são ou de propriedade dos sujeitos de pesquisa ou consideravelmente conectadas a eles de alguma forma, tais como fotografias de seus ancestrais localizadas em um museu ou arquivo. Nesses dois exemplos, as razões para os sujeitos desejarem ver as fotografias e a sua compreensão das intenções do entrevistador ao mostrá-las são relativamente claras, ao menos na superfície. Mais problemáticos são os casos em que nem o sujeito nem o entrevistador têm qualquer vínculo particularmente óbvio com as imagens, e as intenções do pesquisador podem não estar claras para os sujeitos. Os casos mais extremos disso talvez sejam certos tipos de experimentos psicológicos baseados em laboratório, onde é apresentada aos sujeitos uma sequência de imagens – fotografias de rostos, manchas de tinta, ideogramas chineses – e pede-se que eles façam simples escolhas sem que saibam qual é o propósito da experiência, ou até sendo eles deliberadamente confundidos para minimizar o risco de adivinharem as opções preferenciais do pesquisador.

FOTO-ELICITAÇÃO E MEMÓRIA

O uso de foto-elicitação em circunstâncias tão controladas é relativamente raro em pesquisa qualitativa em antropologia e sociologia. Realmente, a antropóloga e psicóloga francesa Yannick Geffroy e o antropólogo italiano Paolo Chiozzi descrevem como se depararam acidentalmente com a técnica ao longo de suas pesquisas de campo (Geffroy, 1990; Chiozzi, 1989). No início da década de 1970, Geffroy e um colega, estudante da Universidade de Nice, estavam fazendo uma pesquisa sobre tradições populares em torno da festa do dia de um santo em um vilarejo no sul da França. Isso envolvia entrevistar pessoas idosas do lugar, não apenas sobre como o festival era celebrado décadas antes, mas sobre aspectos mais gerais da vida do vilarejo naquela época. Ainda que produtivas de algumas formas, tanto Geoffrey como seus informantes achavam por vezes frustrantes essas entrevistas sobre o passado: "Algumas descrições de eventos podiam ser difíceis de expressar. Muitas vezes, durante entrevistas, escutávamos estas palavras: "Você devia ter visto como...'." Geffroy (1990, p. 374) descreve como tudo mudou no dia em que uma velha senhora decidiu que de fato eles podiam ver:

> Durante sua entrevista [...] ela se levantou de repente dizendo "Mas... espere um minuto" [...] Ela saiu e abriu as portas de um velho armário de parede, trazendo de lá uma grande caixa de papelão repleta de fotografias, velhas fotografias. [...] Aquelas fotografias de família, ajudando sua memória a recordar eventos e seus contextos, nos permitiram coletar mais informações e fatos das emoções que ela estava revivendo.

Em uma linha similar, Paolo Chiozzi (1989, p. 45) descreve como se sentiu "inundado de informação" quando começou a usar fotografias no decorrer das suas entrevistas. Em meados da década de 1980, Chiozzi estava fazendo uma pesquisa na cidade de Prato, na Toscana, que havia quadruplicado nas três décadas anteriores em resultado da migração de outros lugares na Itália. Segundo ele, os habitantes mais velhos da cidade pareciam estar experienciando um sentimento de "desintegração cultural" enquanto lutavam para se adaptar às recentes mudanças sociais e econômicas, mas ele achava difícil extrair a informação específica e as avaliações coerentes da mudança, não por causa de qualquer desconfiança da parte de seus informantes, mas simplesmente por uma falta de engajamento com ele e seu projeto. Um dia, no decorrer da sua pesquisa, um senhor de idade lhe disse que a casa de sua família na praça do mercado da cidade havia sido bombardeada na Segunda Guerra Mundial. Por sorte, Chiozzi tinha consigo o catálogo de uma exibição fotográfica que fora montada na cidade e que mostrava a cidade e a área na virada para o século XX. Olhando o catálogo eles rapidamente identificaram a casa em alguns planos gerais da quadra do mercado. Contudo, o velho informante não estava simplesmente vendo o lar de sua infância, um lugar de significação nostálgica pessoal, ele estava vendo um território – uma parte específica da grande quadra que era o lar de uma comunidade específica do bairro – e descreveu as relações de parentesco entre aqueles que viveram ali, narrando as histórias e trajetórias de vida de certas famílias no período que antecedeu a guerra com muitos detalhes. Chiozzi observa que embora o informante tenha estendido seus relatos ao período pós-guerra, suas recordações tornaram-se mais vagas à medida que a cidade cresceu e a vizinhança começou a se dispersar: "Parecia que [ele] só então percebera a grandeza da transformação ocorrida em Prato durante o período de sua vida" (Chiozzi, 1989, p. 45-46).

FOTO-ELICITAÇÃO E ETNICIDADE

Chiozzi e Geffroy estavam muito preocupados com a memória social em seu uso de foto-elicitação e, portanto, utilizaram fotografias dos períodos que lhes interessavam. No entanto, a foto-elicitação é igualmente relevante como técnica para a investigação de tópicos contemporâneos. No decorrer de pesquisa com refugiados vietnamitas na Califórnia, Stephen Gold encontrou uma variedade de estereótipos relacionados a uma fronteira étnica "interna" entre vietnamitas étnicos e vietnamitas chineses, esses últimos tendo sido economicamente poderosos, mas uma minoria não apreciada no Vietnã (Gold, 1991). Gold cita alguns resultados sociológicos anteriores que indicam que estratégias de autoajuda resultando em cooperação econômica e desenvolvimento dentro de grupos étnicos americanos eram determinantes na adaptação bem-sucedida de migrantes recentemente chegados, e estava consequentemente querendo saber se a cisão vietnamita/sino-vietnamita estava impedindo esse processo entre a mais ampla comunidade de refugiados do Vietnã (1991, p. 9). Ele fez uma pequena seleção de suas próprias fotografias de famílias e indivíduos vietnamitas e sino-vietnamitas na Califórnia para conduzir a foto-elicitação, inicialmente com quatro indivíduos-chave. Cada indivíduo – dois de cada etnia, um mais velho e um mais jovem – via as fotografias na mesma ordem, mas sem nenhum tempo fixo de entrevista. Todos estavam cientes do quadro mais amplo da pesquisa de Gold e todos o conheciam bem. Embora Gold afirme ter cuidadosamente selecionado amostras fotográficas de acordo com certos critérios (variedade de cenários sociais, aparente clareza ou ambiguidade de indicadores étnicos como a linguagem dos sinais nas lojas e assim por diante), não parece que as fotografias foram originalmente tiradas com a intenção de realizar um exercício de foto-elicitação.

A primeira investigação de Gold foi na forma de um simples teste: poderiam seus entrevistados identificar corretamente a etnia dos indivíduos representados apenas com uma leitura do conteúdo manifesto das fotografias? Deixando de lado a questão de se alguma identificação étnica pode ser unívoca, independentemente de quanta informação está disponível, Gold observa que enquanto os dois informantes mais velhos adivinharam "corretamente" com maior frequência, nenhum dos quatro estava "correto" em todos os casos. O exercício, entretanto, indicou os critérios variáveis pelos quais as pessoas podem fazer tais adivinhações. Enquanto alguns tentavam deliberar baseando-se em fisionomia – o formato e o tamanho do nariz de uma figura na foto, por exemplo – outros procuravam fatores mais sutis, bem como contextuais. Imagens de mulheres eram especialmente consideradas como portadoras em potencial de pistas étnicas: por exemplo, os quase imperceptíveis saltos altos utilizados por duas mulheres em uma fotografia foram comentados como nítidos indicadores de etnicidade vietnamita, com base no estereotipado fundamento de que os vietnamitas eram mais estreitamente associados com os administradores coloniais franceses do que os sino-vietnamitas; como os franceses são geralmente vistos como atentos à moda, logo as mulheres devem ser vietnamitas influenciadas pela cultura francesa (1991, p. 13-14). Gold também informa alguns resultados de sua segunda linha de investigação – o uso das fotografias para estimular a discussão dos estereótipos que cada um mantém do outro e elaborar sobre isso. Os dois lados comentaram a maior orientação familiar dos sino-vietnamitas, sua disposição para o trabalho árduo e longo e para usar laços de família no desenvolvimento e na consolidação de aventuras comerciais, ainda que se suspeite que esse tipo de informação teria chegado, de qualquer modo, usando ou não fotografias. Contudo, como Gold disse e outros confirmaram, "As fotos deram aos entrevistados um objeto no qual eles podiam focar a discussão de suas experiências e culturas" (1991, p. 21).

QUESTÕES LEVANTADAS PELA FOTO-ELICITAÇÃO

Esses exemplos apresentam uma variedade de contrastes e lições abrangentes, do limitado aspecto objetivo e quase experimental de parte do estudo de Gold aos aspectos muito mais abertos e fenomenológicos dos estudos de Geffroy e Chiozzi. A diferença não é, penso eu, desvinculada do fato de Chiozzi e Geffroy terem utilizado velhas fotografias, sobre as quais eles em princípio tinham pouco conhecimento, embora houvesse nitidamente um forte vínculo entre as fotografias e os entrevistados. Exercícios de foto-elicitação empregando imagens que não são produzidas pelo pesquisador e que não têm nenhum vínculo em particular com os sujeitos em termos de sua produção ou conteúdo manifesto parecem relativamente raros em pesquisa social, provavelmente por um bom motivo. Se um dos objetivos da foto-elicitação é aumentar o grau de intimidade entre pesquisador e sujeito, imagens arbitrárias, retiradas de um contexto e desdobradas em outro, pareceriam pouco propensas a promover isso. Além do mais, outros aspectos das imagens, como sua inserção percebida em outro contexto social, podem vir a dominar o rumo da entrevista, possivelmente prejudicando o objetivo pretendido.

Esse parece ter sido o caso em outro projeto de foto-elicitação, dessa vez realizado na Indonésia. Querendo documentar tradições têxteis locais na Sumatra antes que as transformações as tornassem irreconhecíveis, Sandra Niessen enfrentou um dilema: as coleções museológicas com as quais estava familiarizada na Europa eram preciosas demais para levar para o campo (mesmo que ela tivesse sido autorizada a fazê-lo), mas confiar que encontraria amostras suficientes nos vilarejos da Sumatra para um registro completo seria um risco (Niessen, 1991, p. 416-417). Então, ela levou uma cuidadosa seleção de fotografias de manufatura têxtil de coleções de museus, imaginando que a única dificuldade podia ser que os sujeitos da pesquisa poderiam não "ler" as fotografias facilmente (1991, p. 418). Constatou-se não ser esse o caso, mas o que os sujeitos "leram" também foi a desigualdade de poder no processo da entrevista; embora muitos estivessem interessados nas imagens e nos têxteis retratados, eles também expressaram um grau de ressentimento com relação à aparente posse de Niessen desses objetos, uma posse que ela ostentou ao mostrar imagens dos objetos (1991, p. 421).

Há fortes indicações, em alguns dos casos descritos acima, de que o trabalho de extrapolação das recordações ou experiências pessoais estimuladas por fotografias não é tarefa apenas do pesquisador. Sujeitos de pesquisa não podem ser tratados simplesmente como recipientes de informação a qual é extraída pelo pesquisador e então analisada e organizada em um local distante dos entrevistados, e tentativas de agir assim podem causar raiva ou irritação, como Niessen constatou. Mais exatamente, a introdução de fotografias para entrevistas e conversações aciona um tipo de reação em cadeia: as fotografias efetivamente exercem agência, levando as pessoas a fazer e pensar coisas que haviam esquecido ou a ver de forma nova coisas que sempre conheceram, como no caso do ancião informante de Chiozzi, que chegou a uma nova compreensão da dispersão da comunidade de seu bairro. Elas servem para motivar uma colaboração de pesquisa entre investigador e sujeito, uma questão que discuto mais extensamente a seguir.

ELICITAÇÃO DE FILME

Por várias razões, o filme e o vídeo são menos utilizados em contextos de entrevista do que fotografias. Uma diferença significativa diz respeito à materialidade da mídia respectiva. Um envelope ou álbum de fotografias pode ser visto em qualquer parte, em quase quaisquer circunstâncias, enquanto um filme exigirá equipamento e fonte de energia. Da mesma forma, as fotografias podem ser passadas adiante, pegas e descartadas, postas sob a luz ou examinadas com lente de aumento para uma visão melhor ou mais próxima. Por outro lado, a propriedade do tempo do filme e do vídeo impõe suas próprias restrições sobre a prática de audiência, e os pesquisadores precisam estar cientes disso. Por exemplo, se informação específica é buscada em relação ao conteúdo visível manifesto da metragem do filme de arquivo, onde a estrutura nas cenas e entre elas é arbitrária ou meramente cronológica, pode ser melhor que um pesquisador digitalize e imprima fotogramas específicos para uso em contextos de entrevista.

ELICITAÇÃO DE DADOS POR MEIO DE FILME

Mostrar filmes inteiros ou sequências de vídeos para informantes, contudo, pode ter o seu valor, e isso é bem exemplificado no trabalho de Stephanie Krebs sobre a dança-drama tailandesa conhecida como Khon (Krebs, 1975). Sua pesquisa foi realizada no início da década de 1970, bem antes de o vídeo estar disponível ao amador, mas a natureza de sua investigação pedia imagens em movimento, mais do que estáticas. Krebs tinha especulado que gestos usados na dança comunicavam significado e representavam valores culturais tailandeses cruciais ou fundamentais que eram destilados na dança-drama. Ela filmou sequências da dança sistematicamente, primeiro usando filme Super-8 e, mais tarde, filmes e câmeras de 16 mm para produzir material para um conjunto de exercícios de elicitação interligados. O material em Super-8 foi mostrado para informantes de forma insatisfatória, usando um projetor modificado, e o material de 16 mm foi exibido em uma minúscula mesa de edição Steenbeck. É preciso dizer que, na visão de Kreb, filme é algo obviamente realista, pelo menos para ela, se não para seus informantes: "[filme é uma] 'fatia da realidade' [...] o informante DEVE aceitar ao menos parte do evento projetado como realidade [...]" (1975, p. 283-284, ênfase no original). Essa abordagem positivista e realista permitiu que ela estabelecesse e controlasse parâmetros experimentais – por exemplo, mostrando a mesma sequência de filme para vários informantes e fazendo-lhes as mesmas perguntas, com o mínimo possível de pistas e indicações, ou projetando uma sequência sem som para determinar se os gestos da dança comunicavam sem ambiguidades ou apenas no contexto da canção de acompanhamento.

Embora tenha em ampla medida filmado e editado seu próprio material, Krebs estava essencialmente trabalhando com metragem crua e pedindo a seus informantes que se concentrassem inteiramente no conteúdo manifesto (ou pelo menos ela parece ter presumido que era isso que eles estavam fazendo). Ela presume que na maioria das sociedades uma leitura realista é normativa e não problemática, e que mesmo em sociedades não familiarizadas com imagens em movimento seria relativamente simples "apresentar" a seus membros essa forma de representação e, então, iniciar a elicitação. Mesmo que isso possa ser verdadeiro em um sentido puramente perceptivo – a transição entre uma percepção da realidade tridimensional circundante e sua representação bidimensional – o que as imagens de nossa própria sociedade, ou as de uma outra, significam quando temos de olhar para elas depende do quadro do contexto mais amplo. Os camponeses egípcios de Abu-Lughod viram as imagens didáticas de *Hilmiyya Nights* tendo novelas americanas e imagens de consumismo como pano de fundo; os aldeões bataque de Niessen viram imagens "neutras" de padronagens têxteis tendo como pano de fundo o colonialismo e a exploração.

ELICITAÇÃO DE OPINIÕES POR MEIO DE FILMES

Uma abordagem mais exploratória à elicitação de filme foi realizada pela equipe de cineastas da antropologia de Tim Asch, Patsy Asch e Linda Connor em sua exploração fílmica e antropológica da vida e da obra de Jero Tapakan, uma massagista e médium espírita balinesa. A equipe colaborou na produção de um filme sobre Jero, *A Balinese Trance Séance* (1980), onde ela é vista atuando como médium, encontrando clientes na varanda de sua casa na aldeia e entrando em transe para permitir que deidades e outros espíritos falem aos clientes através dela.

Depois que o filme foi concluído, a equipe voltou a Bali e o projetou (em vídeo, em uma casa de uma cidade próxima) para Jero, tomando notas de suas reações e filmando os procedimentos (resultando em *Jero on Jero: A Balinese Trance Séance Observed*, 1980). Asch e Connor (1994) notaram que

Jero, longe de ficar absorvida por sua própria representação no filme, olhava para a tela de vez em quando, mas parecia mais interessada em manter uma conversa com Connor. Connor, ao contrário, fixou o olhar na televisão deliberadamente, falando com Jero muitas vezes sem olhar para ela. Asch e Connor (1994, p. 17) prosseguem:

> Linda sabe que o filme durará apenas 30 minutos e que nós temos pouca metragem para registrar as reações de Jero. Ela quer cobrir muitos tópicos nesse período. Linda dirige o olhar principalmente para a TV e indica que deseja que Jero olhe partes específicas e responda a certas questões. Mas Jero ignora muitas das mensagens gestuais e faciais de Linda. Ela nunca viu o filme antes, não sabe quanto tempo durará e não está acostumada a trabalhar com períodos de tempo especificados.

Asch e Connor chegam à conclusão de que de fato a sessão de vídeo gera mais informação sobre mediunidade espírita, embora eles também observem que Jero envolve-se com o processo em seu próprio tempo. Sabendo que a sessão está sendo filmada e será, portanto, vista por outros, ela aproveita para corrigir qualquer impressão (errônea) que os espectadores possam ter do filme anterior de que é ela quem está dando conselho e ajuda a seus clientes. Em vez disso, ela modestamente atribui tudo ao poder das deidades e dos espíritos, de quem ela é simplesmente um canal.

A tentativa de Jero de controlar a sessão de elicitação é congruente com o comentário de Paul ten Have sobre usos etnometodológicos da elicitação de filme (ou vídeo). Se uma gravação de vídeo é mostrada às pessoas sobre suas próprias ações e o investigador solicita que comentem a respeito (na suposição de que ninguém sabe melhor do que elas por que fizeram alguma coisa), suas repostas se enquadrarão mais no contexto da própria entrevista do que no das ações originais (ten Have, 2004, p. 72). De modo geral, embora a foto-elicitação e elicitação de filme (ou hoje, vídeo-elicitação) sejam muito utilizadas em vários tipos de pesquisa social, é um equívoco limitar o uso da técnica à elicitação de dados sobre conteúdo de imagem. Assim como a narrativa interna da imagem – a história que ela está contando ao espectador – há duas narrativas externas que devem ser consideradas: não há apenas o contexto imediato de *aqui-e-agora* da própria entrevista, havendo também o contexto *ali-então* da produção original da imagem. Sujeitos de pesquisa podem conhecer ou não os detalhes da produção contextual, mas sem dúvida os inferem.

CRIAÇÃO DE IMAGENS

No trabalho de Kreb sobre a dança-drama tailandesa, foram criadas imagens pelo pesquisador social com o propósito específico de uma subsequente elicitação de filme; no caso da equipe Asch, Asch e Connor podemos supor que o primeiro filme tenha sido feito independentemente de outros interesses, mas a ideia de utilizá-lo para elicitação surgiu em um momento posterior. Muitas imagens criadas pelos pesquisadores sociais não são desse tipo, entretanto. Em vez disso, há uma série de outros processos analíticos por trás do processo de criação de imagem, às vezes considerados reflexivamente pelo pesquisador, às vezes não. Nesta seção eu examino as justificações e questões práticas da criação de imagem pelo pesquisador social.

Não há espaço nesta seção, nem tenho necessariamente a competência, para discutir os detalhes técnicos de tomadas de imagens fixas ou em movimento no campo; há vários guias disponíveis.[5] Em termos de boas indicações, em geral a mais básica é, provavelmente, "trate de conhecer o seu equipamento", combinada com "prática, prática, prática"; fazer uma pesquisa social de campo já é bastante estressante sem a preocupação de qual botão apertar. A segunda boa indicação, dando sequência à primeira, é ignorar todos os efeitos em uma câmera (de vídeo ou fotografia digital fixa) que alterem eletronicamente a imagem enquanto estão na câmera (zoom não ótico, legendas, cortes, etc.); tais modificações, se desejadas, podem ser realizadas mais tarde, manualmente ou por *software*, e pela mesma razão todas as imagens digitais devem ser tomadas na mais alta resolução possível. As "características" devem sempre ficar em segundo lugar em relação à qualidade dos componentes básicos e à robustez geral ao se escolher uma câmera de qualquer tipo para uso em campo. A boa indicação final é anotar copiosamente: no mínimo deve-se anotar o dia, a hora, as pessoas presentes e outros dados do gênero, como se faria com anotações de campo ou gravações de áudio. Algumas pessoas, como Victor Caldarola (ver adiante), aconselham notas muito mais extensas, com um exame reflexivo das intenções e motivações na criação da imagem, bem como dos dados técnicos sobre níveis de iluminação, armazenamento do filme, etc.

DOCUMENTAÇÃO

Tendo em mente as abordagens analíticas discutidas no último capítulo que desenvolvem os conceitos de Foucault do panóptico e da vigilância, deve ser óbvio que o objetivo da mera documentação jamais pode ser um empreendimento neutro. A essa altura, vale a pena fazer uma distinção entre o uso e a intenção. Muitas pessoas, não apenas pesquisadores sociais, criam imagens visuais para fins de "mera" documentação. Agentes imobiliários, por exemplo, tiram fotografias para ilustrar os detalhes impressos da propriedade que desejam vender, curadores de museus fotografam os objetos em suas coleções para catálogos ilustrados, cirurgiões plásticos tiram fotografias junto a tabelas de medida para mostrar o perfil de narizes destinados a mudança. O *uso* da fotografia nesses e em muitos outros casos é nitidamente um ato social (o que convence as pessoas a comprar casas? Por que as pessoas fazem plástica no nariz?) e passível de análise social, mas a *intenção* do fotógrafo no momento da criação da imagem é ampla ou totalmente documental, seja qual for sua motivação implícita e talvez inconsciente. Então, também, um pesquisador social pode ter intenções puramente documentais ao criar as imagens e, embora essas intenções possam ser objeto de exame minucioso de pesquisadores sociais posteriores, isso não invalida a intencionalidade original.

Isso não significa que criar imagem de modo documental seja um problema simples. Muitos antropólogos e outros ainda usam as tecnologias da imagem em movimento para documentar processos materiais – tecedura de cestos, tingidura de tecidos e assim por diante. Às vezes esses exercícios, talvez involuntariamente, se tornam exercícios de exploração e descoberta em vez de simples documentação. Por exemplo, John Collier tirou uma série de fotografias para documentar a tecelagem de lã crua até o tecido final por índios Otavalo no Equador na década de 1940 (Collier e Collier, 1986, p. 71-74). Depois de fotografar as primeiras etapas do processo (lavagem, secagem e cardagem da lã), ele revelou o filme, imprimiu contatos e mostrou os resultados ao tecelão. O tecelão não ficou satisfeito e considerou que as fotografias o tinham retratado como um mau tecelão. Ele insistiu que Collier fotografasse novamente as mesmas etapas, indicando quando e exatamente o que Collier devia fotografar.

Tais instâncias podem levar a uma reflexividade intensificada por parte do pesquisador social, exigindo que ele faça, sobre as narrativas internas e externas das imagens que produz, as mesmas perguntas que faria sobre as narrativas internas e externas das imagens encontradas: o que pretendo que esta fotografia retrate? Por que a estou tirando agora? O que estou excluindo do quadro? E assim por diante. Mais de um pesquisador social enfatizou a necessidade de ter cuidado e superar as abordagens ou pressuposições inconscientes ao uso de fotografias fixas, mesmo na "mera" documentação. Vitor Caldarola, um fotógrafo experiente acompanhando sua esposa antropóloga em uma viagem de pesquisa a Kalimantan do Sul, na Indonésia, adotou três premissas-guia que explicitaram seu próprio entendimento (Caldarola, 1985). Primeiro, que imagens fotográficas são representações de eventos específicos (uma negação, pelo menos no contexto da pesquisa documental, da representação fotográfica para fazer afirmações generalizadoras); segundo, que qualquer significado na imagem depende do contexto em que ela foi produzida (não apenas da narrativa ou do conteúdo que ela retrata); e terceiro, que a produção de imagens fotográficas é um evento social, envolvendo comunicação e entendimento mútuo da parte do criador da imagem e do sujeito da imagem.

As consequências dessa abordagem são múltiplas, incluindo a suposição de que quaisquer imagens mostradas a terceiros sem nenhuma outra informação são consideradas insignificantes. A metodologia de Caldarola era fazer numerosas anotações enquanto fotografava a criação de patos e a produção de ovos que formavam o carro-chefe da economia local. Nessas anotações ele descreve não apenas o que pensa estar ocorrendo frente à câmera, mas também os indícios de suas próprias intenções ao tirar as fotos, além das circunstâncias – sociais e técnicas – de sua produção. A metodologia de Caldarola também era iterativa: ele tirou fotografias, entrevistou pessoas com as fotografias, tirou mais fotos em resposta a seus comentários, etc.

Esse processo iterativo está no coração da chamada teoria fundamentada em dados, mencionada rapidamente no último capítulo, na qual os dados são coletados por etapas, analisados e usados para avaliar a hipótese inicial ou questão de pesquisa, em um processo em espiral, chegando ao ponto em que mais dados não acrescentam mais conhecimento. Ainda em outro estudo de foto-elicitação, uma antropóloga suíça, Ricabeth Steiger, adotou a teoria fundamentada em dados para orientar seu estudo, reformulando sua posição teórica à medida que a pesquisa revelava novos resultados (Steiger, 1995, p.29; Glaser e Strauss, 1967). Nessa pesquisa, projetada para estudar a mudança na dinâmica familiar de casais de profissionais suíços com a chegada do primeiro filho, ela tirou suas próprias fotografias especialmente para o estudo, descrevendo de forma detalhada as questões técnicas que teve de considerar. Isso inclui o fato de que sua orientação teórica e a hipótese de trabalho eram passíveis de mudança no decorrer da pesquisa em função daquilo que seus sujeitos diziam ou faziam e, assim, os critérios de composição, iluminação, etc., nunca podiam ser fixos ou absolutos. Sua metodologia básica era conduzir uma entrevista inicial semiestruturada com os sujeitos, tirar uma série de fotografias e, depois, retornar para uma sessão de foto-elicitação de acompanhamento (1995, p. 29-30). Como ela estava interessada principalmente nas mães, muitas das imagens de Steiger eram de mães em seus ambientes domésticos, bem como de aspectos daquele ambiente do ponto de vista das mães (como a vista das janelas de suas cozinhas). Contudo, como o foco também era o relacionamento das mães com seus filhos, várias imagens foram tiradas do ponto de vista de uma criança – vistas na altura do olho da criança. Embora a abordagem subjacente fosse exploratória, Steiger estava de certa forma deixando sua câmera "documentar" as mudanças de fase da sua compreensão analítica.

PRODUÇÃO DE FILMES

Uma câmera de filme ou vídeo também pode ser usada das maneira descritas acima, evidentemente, e muitas vezes é empregada, por exemplo, para documentar processos de cultura material ou exibições de dança. E evidentemente o documentário é um termo genérico para filme de não ficção, sendo também associado a uma forma específica de filme de não ficção (ver Capítulo 1). Contudo, embora o poder da câmera de imagem em movimento para representar em vez de meramente documentar não seja maior do que o da câmera de imagem fixa, ela é tratada muitas vezes como se fosse, porque as propriedades de tempo e movimento que a câmera de filme ou vídeo procura capturar, combinadas à experiência de assistir com base em tempo, reproduzem formas de narrativa conhecidas para os espectadores euro-americanos. Embora, especialmente em seus primórdios, os filmes etnográficos buscassem "mostrar" (isto é, documentar) mais do que "contar" (ver Grimshaw, 2001, p. 19), o fato de que o filme podia contar uma história foi rapidamente entendido e aproveitado. Assim que os códigos de edição começaram a ser criados para explorar ainda mais o potencial narrativo, tornou-se quase inevitável que os pesquisadores sociais, usando primeiro câmeras de filme e depois de vídeo, procurassem não só documentar sua pesquisa ou coletar dados de imagem em movimento, mas produzir filmes.

Produzir um filme, ao contrário de simplesmente filmar as cenas, envolve edição e outras tarefas pós-produção, tais como acrescentar legendas, mas também depende de uma série de ideias a respeito do lugar da representação visual no interior da própria ciência social. Dentro da antropologia, a disciplina mais intimamente associada com produção de filme, há um debate em andamento sobre se um filme etnográfico pode ser um produto autônomo da investigação de pesquisa social ou se precisa ser complementado com algum outro trabalho, como uma etnografia escrita ou um guia de estudo. Isso não é tanto uma questão de representação, mas de epistemologia. Se há maneiras de conhecer o mundo social que são independentes da linguagem, alguns hão de afirmar que criar um filme é uma maneira adequada de explorar e representar aquele conhecimento. Grimshaw, por exemplo, declara que fazer filmes antropológicos exige "uma reorientação fundamental de perspectiva (a antropológica) de modo que o mundo não seja abordado basicamente por meio de linguagem, explanação ou generalização, mas por uma reincorporação do *self* como alicerce para o envolvimento renovado com a vida de cada dia" (citado em Henley, 2004, p. 111). Mesmo concordando que o filme pode representar a experiência incorporada da vida social de uma maneira que as palavras não podem, Henley não deseja abandonar completamente uma abordagem à vida social baseada em linguagem e, em vez disso, defende um acomodamento entre produzir filmes e gerar textos (Henley, 2004, p. 111-112). Heider, representando uma abordagem mais antiga e mais positivista da disciplina, simplesmente declara que guias de estudo escritos são um adjunto necessário ao filme etnográfico: colocar toda a "informação" exigida para uma análise antropológica no próprio filme (na forma de um comentário verbal) o tornaria pouco mais do que uma conferência ilustrada (Heider, 1976, p. 127 e *passim*).

Obviamente essa não é uma questão metodológica, mas há consequências metodológicas. Se um pesquisador adotar a linha de Heider, por exemplo, sua maneira de operar a câmera no campo será muito diferente da maneira como Grimshaw pode usá-la. O antropólogo e cineasta francês Jean Rouch é famoso por descrever o que chamou de "*ciné-trance*", uma imersão do cineasta no processo de filmagem que vai tão fundo que o cineasta e a câmera se fundem (Rouch, 1975, p. 94).[6] Rouch também usou cenas ficcionalizadas em seus filmes, e tanto isso quanto o *ciné-trance* exigem posturas em relação à imagem e às práticas fílmicas no campo que diferem claramente das adotadas quando se faz um filme que documenta a construção de uma casa, por exemplo, ou a fabricação de um pote. Enquanto Rouch trabalhava (nas décadas de 1960 e 1970) seguindo uma linha muito própria que não era ditada pela teoria antropológica de sua época, outros responderam mais diretamente às ideias em mutação na disciplina. Lutkehaus e Cool (1999) descrevem uma série de filmes muitos inspirados nos primeiros trabalhos de Rouch e produzidos por alunos e outros no Centro de Antropologia Visual da Universidade do Sul da Califórnia, que responderam à chamada crise de representação em antropologia, discutida no capítulo anterior.

Outros filmes, como *In and Out of Africa*, de Barbash e Taylor (1992), respondem ao recente clamor interno da antropologia (p. ex., Marcus, 1995; Gupta e Ferguson, 1992) para que a disciplina "desterritorialize", isto é, descarte a pressuposição de que um povo ou uma comunidade são definidos pelo lugar onde vivem. Em um mundo cada vez mais transacional, alguns grupos de pessoas formam comunidades que atravessam o globo, e mesmo as vidas das pessoas que nascem e morrem na mesma aldeia são afetadas por influências globais. Barbash e Taylor vão ainda mais longe, filmando nem tanto pessoas em mudança, mas objetos em mudança – nesse caso, esculturas de madeira do oeste da África, que são vistas com seus produtores, negociantes e consumidores na África e em Nova York.

ANÁLISE INCORPORADA AO CONTEÚDO DO FILME

Pode-se dizer que filmes como *In and Out of Africa* respondem a mudanças em teoria e análise. Alguns cineastas, mais uma vez dentro de uma tradição antropológica, procuraram dar um passo à frente e codificar conhecimentos teóricos e analíticos dentro do próprio filme. Peter Biella (1988) e Don Rundstrom (1988) afirmam ter inserido análise antropológica diretamente na narrativa interna de seus filmes de maneiras bastante formalistas, por meio da adoção consciente de ângulos de câmera específicos e de estilos de edição. O filme *The Path*, de Rundstrom (1971), por exemplo, é um filme altamente elaborado sobre a cerimônia japonesa do chá, que usa cor, ângulo de câmera e enquadramento para transmitir uma sensibilidade estética japonesa mais do que uma representação realista. Ruby advoga o que ele chama de realismo *"trompe l'oeil"*,* uma estratégia que explora o potencial do filme documentário para apresentar uma visão do mundo aparentemente realista e depois subvertê-la chamando reflexivamente a atenção para a própria criação do filme. Desse modo, as audiências são obrigadas a confrontar a construção (inerentemente analítica) do conhecimento que a narrativa transmite (Ruby, 2000, Caps. 6 e 10). A reflexividade que Ruby defende foi vista em outro lugar, todavia; na verdade, poucos documentários de qualquer tipo adotam hoje a velha maneira "voz de Deus" pela qual o cineasta/narrador incorpóreo e socialmente indefinido faz comentários onicientes sobre as imagens ou imputa pensamentos e sentimentos aos sujeitos do filme (Nichols, 1988).

Depois de revelar suas motivações ao criar o filme e revelar sua presença como parte da ação, o próximo passo do cineasta é fazer com que os próprios sujeitos do filme forneçam o contexto mais amplo de suas vidas e o processo de filmagem. Uma técnica comum é pedir a um sujeito de pesquisa sendo filmado para "mostrar o local" – a fim de descrever o ambiente físico imediato. Em uma sequência no começo de *To Live with Herds* (1972), um filme etnográfico sobre pastores do leste da África, David MacDougall pede ao personagem principal para "descrever a extensão do território Jie", o que ele faz indicando marcas no horizonte e designando pelo nome os vários outros grupos de pastores que vivem nessa região árida da Uganda; da mesma forma, em *Lorang's Way*, de MacDougall (1977), Lorang, um velho turcana do Quênia, mostra aos cineastas os arredores de sua residência, explicando vários aspectos durante o passeio. A mesma técnica é adotada por John Baily, quando pede a Amir, um músico afegão refugiado no Paquistão, que mostre-lhe a casa de um único cômodo em que ele divide com sua esposa, seus sogros e filhos (em *Amir*, 1985). Em todos esses casos, o que é elicitado não é simplesmente um catálogo de aspectos físicos, mas uma narrativa que usa aqueles edifícios e objetos como recipientes de conhecimento biográfico

---

* N. de T. Ilusão de ótica, em francês no original.

e social: a enumeração de seus pertences permite que Amir reflita sobre a sua experiência de refugiado, por exemplo. Pedir aos sujeitos de pesquisa e participantes de filme para refletir sobre suas próprias vidas, não em um contexto de entrevista isolado, mas em seu próprio ambiente físico e social, parece abrir uma maior possibilidade para os tipos de perspectivas analíticas incorporadas e experienciais que Grimshaw pleiteia.

ESTUDO DE CASO
Vozes fotográficas – o potencial para pesquisa de ação

O estudo de caso apresentado no início do Capítulo 1 descreve dois estudos em que crianças receberam câmeras como uma maneira de permitir que pesquisadores vejam aspectos de suas vidas que poderiam não ser visíveis de outra forma, como seus locais de trabalho. A "pesquisa de ação" em estudos educacionais objetiva ir um pouco além disso e dar uma ideia de como os ambientes escolares podem ser mudados. Embora não tivessem pensado no trabalho como uma pesquisa de ação, Michael Schratz e Ulrike Steiner-Löffler (1998) viram claramente o potencial de dar câmeras a crianças de escola primária como modo de gerar conhecimento. Schratz e Steiner-Löffler preocupam-se que as opiniões das crianças, em especial as muito jovens, sejam frequentemente ignoradas na hora da autoavaliação escolar, sob o argumento que essas crianças não possuem a destreza linguística exigida para preencher formulários complexos ou escrever relatórios elaborados.

Como já tinham usado câmeras com crianças mais velhas com sucesso, eles decidiram tentar usá-las com crianças de escola primária (em Viena). Provavelmente para simplificar a tarefa, pediram que as crianças tirassem fotografias para responder a uma pergunta simples: "onde você se sente bem na escola, onde não se sente bem e por que não?" O melhor resumo da metodologia de Schratz e Steiner-Löffler é o "pequeno guia de foto-avaliação" incluído em seu artigo:

- os alunos se organizam em equipes de quatro ou cinco, um dos quais atuará como fotógrafo;
- cada equipe discute os locais "bons" e "ruins" e como eles devem ser fotografados (por exemplo, se deve haver pessoas na foto ou não);
- as equipes tiram as fotografias;
- depois de reveladas, as fotografias são montadas em um cartaz junto com as razões por que foram selecionadas e os cartazes são apresentados à turma.

Em decorrência desse projeto, lugares como o pátio de recreio foram selecionados como lugares "bons", e a sala de trabalhos manuais como um lugar ruim (por que eles não gostavam do professor). Houve, no entanto, alguns lugares ambíguos, como a sala de funcionários e os banheiros (que Schratz e Steiner-Löffler consideram locais "tabus") e também divergências, cuja exploração levou a nova compreensão de como as crianças percebiam seu próprio ambiente. Nesse caso específico, Schratz e Steiner-Löffler na verdade não avançaram para a etapa seguinte do projeto, que teria sido a discussão pelas equipes de como realizar mudanças em seu ambiente, mas eles sinalizaram claramente seu potencial.

PROJETOS COLABORATIVOS

Se assistir à televisão com sujeitos de pesquisa é um "método" de pesquisa social relativamente passivo, pelo menos é uma atividade com a qual os sujeitos de pesquisa estão envolvidos e familiarizados. O mesmo não pode ser dito de outros métodos visuais, como foto-elicitação ou documentação de vídeo, que os sujeitos de pesquisa podem não entender ou considerar uma perda de tempo. Como diz Niessen, "eu não acho que geralmente uma entrevista seja uma ocasião excitante para um bataque" (1991, p. 421). Na pior das hipóteses, os sujeitos de pesquisa podem ser hostis aos propósitos reais ou imaginários do processo. Isso certamente é verdade para qualquer pesquisa social de campo, não apenas visuais, mas há considerações especiais quando se usa câmera de vídeo ou de imagem fixa como parte do processo de pesquisa. Para algumas pessoas em alguns contextos, ser filmado ou fotografado pode ser associado a perigo, controle e vigilância; por exemplo, quando agentes policiais ou de segurança filmam grupos de manifestantes, suas intenções podem ser tanto intimidar como documentar.

Deixando de lado a dimensão ética por um momento (discutida abaixo), uma solução prática para o problema é montar uma agenda de pesquisa que seja colaborativa, que envolva os interesses e preocupações tanto do pesquisador quanto dos sujeitos de pesquisa. Todas as pesquisas sociais de campo envolvem algum nível de colaboração, mas não é incomum os sujeitos de pesquisa se envolverem na pesquisa por cortesia, ou por não encontrarem uma boa maneira de dizer não, ou talvez até porque são pagos. Mesmo que eles entendam a razão da pesquisa (de fato, mesmo que entendam o conceito de "pesquisa" em primeiro lugar), e mesmo que considerem seus objetivos louváveis e dignos de apoio, o foco da pesquisa não é necessariamente a coisa mais importante de suas vidas. Eles podem cooperar (mais do que colaborar) na esperança de satisfazer objetivos pessoais[7] ou porque estão sozinhos ou entediados. Ao mesmo tempo, podem estar preocupados com outras coisas – más condições de moradia, filhos doentes, demandas de terra. Todas essas questões e muitas outras são tópicos produtivos para pesquisa social, sendo áreas em que o pesquisador e os sujeitos de pesquisa podem colaborar, potencialmente ricas para as metodologias visuais. Alguns projetos mais explicitamente colaborativos e políticos são discutidos abaixo. Primeiro, eu examino rapidamente vários casos de colaboração inadvertida.

COLABORAÇÃO EM FOTO-ELICITAÇÃO

Às vezes um pesquisador social com uma câmera, mas sem nenhuma programação visual específica, decide tirar algumas fotografias de seus sujeitos de pesquisa por razões não diretamente relacionadas com a pesquisa;

pode ser para mostrar aos amigos e à família quando voltar para casa, ou por esperar que tirando suas fotografias e distribuindo cópias o pesquisador ficará mais próximo de seus sujeitos de pesquisa. Embora não se enquadre bem nessa categoria (ela é uma antropóloga visual), Pink descreve como até mesmo essa tarefa aparentemente simples pode se tornar uma metodologia. Quando suas vizinhas em Guiné Bissau pediam para ser fotografadas, Pink ia à casa delas pela manhã, quando julgava que a luz era melhor, apenas para ser repelida por mulheres atarefadas, em roupas de trabalho rasgadas e que não tinham tido tempo de arrumar os cabelos. Mais tarde, quando estavam prontas e tinham se vestido da maneira que desejavam ser vistas, elas vinham até ela para a fotografia. Como Pink observa, em vez de considerar isso uma falha (do ponto de vista dela), a experiência podia ser transformada em vantagem como metodologia, dando-lhe valiosa compreensão da autorrepresentação (2001, p. 59-60).

Uma tentativa de controlar a representação visual de si já foi mencionada acima, no caso do tecelão equatoriano que pediu que John Collier fotografasse novamente a sequência de imagens de processo material, considerando que os originais o retratavam como um mau tecelão. Em outro lugar, sujeitos de pesquisa tentaram influenciar as práticas de criação de imagens de um pesquisador de outras maneiras. Chiozzi, mencionado acima em um projeto "acidental" de foto-elicitação na Toscana, descobriu que um outro grupo de sujeitos de pesquisa reagiu positivamente mais uma vez às velhas fotografias de sua região (norte rural da Toscana) que lhes foram mostradas, mas também insistiram que Chiozzi fotografasse outra vez os mesmos locais em uma tentativa de tornar manifesto aquilo que viam como a perda de sua identidade cultural (Chiozzi, 1989, p. 46). Embora Chiozzi não se detenha nesse ponto, parece que mesmo se em certo sentido as mudanças na paisagem e nos padrões de habitat do vale estivessem perfeitamente visíveis aos olhos dos habitantes originais, a insistência deles de que se fizesse um registro fotográfico foi uma maneira de concretizar isso, de externalizar em forma material algo que até então tinha sido tácito, interno e subjetivo.

Passando desse aspecto para um sentido de colaboração maior, há o caso de um grupo de estudantes de pesquisa da Universidade de Amsterdã que decidiu empregar essa metodologia desde o começo. Em um estudo de integração étnica em um bairro decadente de Haia, os estudantes, para não confiar em imagens preexistentes ou decidir por eles mesmos quais imagens tirar, decidiram que os seus sujeitos de pesquisa iriam ditar o tema das imagens. Cada estudante pediu a um sujeito de pesquisa que fosse em companhia dele dar um passeio pelo bairro e mostrasse quais aspectos (visuais) do ambiente eles gostariam de comentar; nada, nem mesmo "integração étnica", foi especificamente sugerido como tópico. Os sujeitos foram então entrevistados sobre as imagens, sendo solicitado que sugerissem outras fotografias que pudessem ser tiradas e, subsequentemente, foram entrevistados novamente. Por fim, os estudantes mostraram aos sujeitos (que não se conheciam entre si) as imagens uns dos outros pedindo-lhes que as comentassem (van der Does et al., 1992). Isso acabou sendo revelador; embora nenhum dos sujeitos aparentemente tivesse escolhido criar imagens da diversidade étnica do bairro, alguns deles comentaram sobre isso em entrevistas subsequentes.

Uma imagem, de várias mulheres holandesas brancas e suas crianças sentadas em um banco, e um grupo de mulheres turcas e marroquinas e suas crianças sentadas em um banco adjacente, foi apontada por um sujeito de pesquisa como "sinal" da falta de integração étnica (provavelmente por causa da separação dos bancos), enquanto outro afirmou que ela "sinalizava" o oposto (provavelmente porque todas as mulheres e crianças estavam usando a mesma área pública de lazer) (1992, p. 56). Além disso, alguns sujeitos fizeram os estudantes tirar fotos da mesma coisa, mas de ângulos diferentes. Dois escolheram uma escultura bastante rudimentar de um cavalo em um parque do bairro, por exemplo, mas um queria mostrá-la de frente para dar uma impressão agradável do parque, enquanto outro queria mostrá-la de trás, para indicar como o parque podia ser desagradável (1992, p. 22, 30, 52). Nos dois casos, os sujeitos de pesquisa estavam querendo dizer algo com a sua escolha de imagens, tanto para os pesquisadores como para qualquer um que por acaso viesse mais tarde a se deparar com a imagem. O que aparece como contraditório no que queriam dizer é uma indicação de que as "comunidades" não falam necessariamente com uma mesma voz, literal ou visualmente, mas suas vozes podiam também ser interpretadas como dois lados da mesma moeda: ambos sentiam que uma peça simbólica de arte pública não era realmente uma solução para problemas sociais profundamente enraizados, mas um usou a imagem para indicar potencial, o que podia ser feito, enquanto o outro preferiu usar a imagem para indicar o que acontecia, como a vida era, de fato, experimentada no bairro.

Finalmente, há vários casos em que pesquisadores sociais deram câmeras para sujeitos de pesquisa e pediram que criassem suas próprias imagens. Dois são sumariamente descritos no estudo de caso no Capítulo 1 ("Vendo pelos olhos de crianças"). A ideia aqui é que tais imagens geradas por sujeitos de pesquisa podem revelar os entendimentos de fotografia e, talvez da representação de forma mais geral, dos próprios sujeitos (Sharples et al., 2003) ou aspectos de vidas e ambientes dos sujeitos de pesquisa que estão simplesmente indisponíveis para o pesquisador (Mizen, 2005). Para antropólogos visuais, o mais célebre projeto desse tipo é a tentativa de Worth e Adair de estender a hipótese de Whorf-Sapir sobre linguagem e cognição à esfera do visual, que envolveu distribuir câmeras a pessoas navajo cinematograficamente analfabetas e dizer-lhes para filmar o que quisessem (Worth e Adair, 1972).[8]

Todos esses exemplos, exceto talvez o último, são essencialmente variações do método de foto-elicitação, mas estendidas para incluir um grau mais avançado de colaboração dos sujeitos de pesquisa, embora em cada caso descrito o projeto inicial tenha começado pelo pesquisador social e não pelos próprios sujeitos de pesquisa. A experiência daqueles que tentaram – ou subsequentemente comentaram – o processo parece sugerir que a metodologia final de entregar a câmera completamente pode ser problemática, especialmente se o pesquisador não estiver presente quando as imagens forem tomadas. Isto ocorre em grande parte por razões analíticas e intelectuais; em primeiro lugar, o trabalho é concebido, afinal, como uma peça de pesquisa social, e todas as etapas precisam ser documentadas; segundo, se o pesquisador recuar deliberadamente no processo de criação de imagem, o projeto se torna menos colaborativo, com o sujeito de pesquisa realizando "uma tarefa" cujos resultados são subsequentemente analisados, talvez sem qualquer outra participação do sujeito de pesquisa.

Essa última linha de ação é aceitável se é isso que se deseja, mas talvez não combine tão bem com uma meta declarada de pesquisa colaborativa. Outra razão mais pragmática para o pesquisador manter o controle do equipamento está relacionada à facilidade de uso. Embora muitos euro-americanos, mas nem todos, possam provavelmente operar uma câmera automática de imagem fixa com relativa facilidade, necessitando de pouco ou nenhum treinamento, as coisas são bem mais complicadas quando se trata de usar câmeras de vídeo e especialmente de 16 mm, e mais ainda quando é preciso editar. Não apenas é necessário um nível razoável de prática, se não de treinamento, como os sujeitos de pesquisa podem acabar se concentrando mais em "fazer a coisa certa" tecnicamente do que na imagem ou nas imagens que estão tentando criar. O próprio estudo disso seria – e é – uma área legítima de pesquisa social (p. ex., o campo de interação humano/computador [HCI] é inteiramente dedicado a isso), mas trata-se de pesquisa que está fora do escopo deste livro, além de ser algo que o pesquisador deve ter certeza de que deseja estudar, e não um diletantismo que não consegue admitir. Por outro lado, o excesso de controle pode bloquear áreas de investigação perfeitamente relevantes, bem como inviabilizar o desenvolvimento da boa vontade da qual dependem os empreendimentos colaborativos: os casos de Pink e Chiozzi acima são bons exemplos de resposta a reviravolta imprevistas que acontecem no decorrer da pesquisa de campo. A estratégia adotada pelos estudantes de pesquisa holandeses parece especialmente digna de ser emulada: o controle da estrutura da pesquisa é estabelecido e mantido pelos pesquisador, mas os sujeitos de pesquisa são encorajados a fornecer o conteúdo.

FILMES COLABORATIVOS

Se os projetos descritos acima são casos de colaboração "acidental" ou se o ímpeto de colaboração veio mais do pesquisador social do que dos sujeitos de pesquisa, como seria uma colaboração de pesquisa guiada pelo sujeito pesquisado? De certa forma, é difícil imaginar como isso ocorreria; em muitos casos, como os de crianças ou adultos vivendo longe dos centros metropolitanos, eles praticamente não conhecem nem têm acesso a pesquisadores sociais. Geralmente apenas os ricos, os influentes ou os bem-relacionados encomendam pesquisas sobre eles mesmos (mas veja abaixo sobre grupos indígenas politizados). Há exceções, contudo, mais conectadas a projetos de pesquisa antropológica onde em algum momento os sujeitos de pesquisa pedem ao antropólogo que os ajude a fazer um filme ou montar uma mostra fotográfica.

Também há casos em que os sujeitos de pesquisa pedem ajuda sobre alguma questão ao longo da qual uma metodologia visual específica se revela apropriada. No decorrer de um projeto de pesquisa sobre redes sociais em um bairro pobre de Lisboa, os sujeitos de pesquisa de Ruud van Wezel pediram ajuda em suas tentativas de obter alojamento legal. Embora os sujeitos de pesquisa tivessem pouca escolaridade, a fotonovela (uma história em quadrinhos usando fotografias, balões de fala e legendas para contar uma história) era uma forma popular de entretenimento. Instigado por eles, van Wezel tirou uma série de fotografias e criou uma fotonovela sobre construção de casas que destilou suas preocupações, seu conhecimento e a pesquisa de van Wezel. A fotonovela ganhou uma impressão barata e foi vendida localmente (van Wezel, 1988). Em outro caso, o antropólogo Howard Morphy e a linguista Frances Morphy estavam fazendo uma pesquisa com uma comunidade aborígene no norte da Austrália quando receberam um pedido para ajudar o grupo em um caso de direito fundiário. Na falta de títulos escritos para a terra, Morphy e Morphy puderam usar fotografias de arquivo da área, tiradas por missionários, para extrair informação dos anciões do grupo sobre o uso e a posse da terra. Além de prestarem valioso depoimento oral que podia ser usado no caso da reivindicação de terra, Morphy e Morphy também obtiveram acesso a informação que talvez não pudessem ter de outra forma (Howard Morphy, em comunicação pessoal).

FILME E AÇÃO POLÍTICA

O uso de pesquisadores profissionais e suas tecnologias é cada vez mais comum entre grupos politizados, como os povos indígenas na América do

Norte e na Austrália. A rigor, nem todos esses projetos de pesquisa poderiam ser necessariamente categorizados como colaborativos; em muitos casos o pesquisador está trabalhando como um advogado ou facilitador para o grupo em vez de perseguir uma programação intelectual derivada da disciplina de sua ciência social.⁹ Algumas questões metodológicas e analíticas podem, contudo, ser derivadas de tais projetos. Por exemplo, como na experiência portuguesa de van Wezel acima, encontrar uma forma visual é de extrema importância. Vincent Carelli, um ativista brasileiro dos direitos indígenas, esteve envolvido em projetos de vídeo de comunidades indígenas por mais de vinte anos (Aufderheide, 1995; ver também Carelli, 1988). Embora o vídeo possa não parecer um recurso visual apropriado para ameríndios da floresta, Carelli relata a experiência de um líder de grupo que "instantaneamente percebeu as possibilidades" do vídeo ativista comunitário quando lhe foi apresentado, sendo o seu quadro de referência visual constituído de filmes de ação de Hollywood (provavelmente vistos na cidade próxima), dos quais ele era um grande fã (citado por Aufderheide, 1995, p. 86).

Em outro caso, Tim Quinlan estava fazendo pesquisa com pastores de animais em Lesotho, no sul da África, e discutiu com eles a possibilidade de fazer um filme para mostrar os efeitos potencialmente prejudiciais que uma nova política de administração de áreas de preservação pode ter sobre sua atividade de subsistência. Embora alguns dos homens mais velhos tivessem familiaridade com a mídia do filme, tendo assistido a filmes técnicos de treinamento e filmes comerciais durante períodos de migração laboral na África do Sul, a maioria não tinha. Quinlan e sua equipe fizeram então uma breve demonstração de vídeo, constituída de cenas deles mesmos viajando, entrevistas e episódios de pesquisas de campo anteriores, que então funcionaram como pontos focais de sucesso para a discussão e explicação (Criticos e Quinlan, 1991, p. 47-48).

Exemplos como a colaboração entre Quinlan e os pastores de Lesotho são às vezes saudados como projetos capacitadores, por meio dos quais a mídia visual ajuda pessoas destituídas de poder a obter um controle maior de suas vidas (ver, por exemplo, o tom triunfalista das cenas de abertura de um filme muito informativo sobre a radiodifusão dos Inuit no Canadá, intitulado *Starting Fire with Gunpowder*, Poisy e Hanson, 1991). Há muitas críticas a essa posição, das brandas (p. ex., Ginsburg, 1991) às severas (p. ex., Faris, 1992, 1993), e certamente é ingênuo presumir que vídeo ou fotografia fixa podem superar sozinhos a injustiça social de uma só vez.

No entanto, está claro que em alguns casos, como o dos caiapós (ver estudo de caso), pessoas destituídas de poder podem participar ou se apropriar da mídia visual, junto como uma série de outras estratégias destinadas a obter autonomia ou direitos ou simplesmente tentar preservar um modo

> **ESTUDO DE CASO**
> **Vídeo caiapó**
>
> Um dos casos mais bem documentados de produção indígena de vídeo em colaboração com um antropólogo, e servindo aos objetivos de ambos, é o projeto de vídeo caiapó. O antropólogo Terence Turner vem trabalhando continuamente com os caiapós, um grande grupo ameríndio brasileiro, desde a década de 1960. Na década de 1980, Turner facilitou o acesso para que diversas equipes de televisão pudessem filmar os caiapós, que estavam à época se politizando cada vez mais, particularmente sobre a ameaça de um projeto de construção de represa que alagaria parte de suas terras. Bem acostumados a lidar com estrangeiros, os caiapós rapidamente viram o potencial que filme, vídeo e comunicação em massa podia ter para dar publicidade à sua causa, e como resultado Turner ajudou-os a obter o primeiro equipamento de filmagem em vídeo e, depois, equipamento de edição (Turner, 1990, 1992). Os caiapós usaram primeiramente essa mídia conforme a intenção original – documentar seus encontros com o Estado brasileiro, uma forma de evidência visual. Também utilizaram o vídeo com propósitos "internos", para a documentação de danças e rituais que poderiam ser estudados por pessoas mais jovens.
> Contudo, seus contínuos estudos dos usos que eles faziam do vídeo, Turner também notou outros aspectos que se relacionavam diretamente aos interesses da antropologia contemporânea. Por exemplo, enquanto "documentava" seus encontros com agentes do Estado sobre a represa proposta, os caiapós também estavam cientes do poder do vistoso contraste entre um indígena da floresta, trajado em tintas e penas, e as lustrosas e sofisticadas câmeras de vídeo que eles estavam usando (1992, p. 7). Lidando com estereótipos metropolitanos, os operadores de câmera caiapós apresentaram uma imagem de homens da "Idade da Pedra" com uma tecnologia de fins de século XX que se provou atraente para os jornalistas brasileiros e internacionais que estavam cobrindo a disputa. Ao defenderem seus direitos à terra, os caiapós se tornaram adeptos da manipulação de sua autorrepresentação.

de vida ameaçado por forças globais, como no caso dos grupos aborígenes Inuit e da Austrália central, os quais procuraram limitar o que veem como efeitos destrutivos da radiodifusão televisiva (branca) dominante ao estabelecer suas próprias estações transmissoras (Dowmunt, 1993; Michaels, 1986, 1991a, 1991b). De um ponto de vista puramente acadêmico, os estudos de tais apropriações podem gerar compreensões de processos de mudança social e cultural e a tensão entre forças globalizadoras e reelaborações de identidades de nível local. Metodologicamente, então, os pesquisadores sociais devem ficar alerta à possibilidade de colaborar com sujeitos de pesquisa em projetos visuais, sejam eles modestos (as fotografias de Pink de suas vizinhas em Guiné Bissau) ou de ampla escala (Michaels ajudando a estabelecer a radiodifusão aborígene por satélite).

JUSTIFICATIVAS INTELECTUAIS PARA A COLABORAÇÃO

Enquanto alguns podem ver a dimensão moral e ética como justificativa suficiente para iniciar projetos colaborativos com sujeitos de pesquisa, outros podem não ver (por exemplo, órgãos financiadores com uma programação estritamente acadêmica), em cujo caso vale a pena resumir a justificativa intelectual. A análise interpretativa nas ciências sociais (ver Quadro 2.1 no Capítulo 2) repousa na noção de que "dados" não existem de forma independente e anteriormente à condução da pesquisa, mas são produzidos pelo pesquisador e o sujeito de pesquisa nos momentos de seu encontro. Nesse sentido, então, todos os projetos de pesquisa – visuais ou de outro tipo – são colaborativos, mas se o papel do sujeito de pesquisa na construção dos "dados" pelo processo de encontro for desconsiderado, há um grande risco de que o analista interprete mal os resultados. (Um simples exemplo disso seria uma pessoa pesquisada dizer uma inverdade em resposta a uma questão de um questionário, porque isso é o que ela pensou que o pesquisador queria escutar.) Consequentemente, para assegurar que um pesquisador tenha o melhor acesso aos pensamentos, palavras e atos dos sujeitos de pesquisa, trazer as opiniões desses sujeitos sobre a própria pesquisa para o processo de pesquisa parece não apenas justificado, mas metodologicamente indispensável.

Sarah Pink leva a ideia de colaboração um passo à frente ao defender o que chama de "antropologia visual aplicada". Ela chama assim "o uso do visual como ferramenta de intervenção social" (2006, p. 82) e discute vários exemplos em que antropólogos usaram filme ou fotografia para promover projetos educacionais, de saúde ou de bem-estar social (Pink, 2006, Cap. 5). Tal trabalho é inerentemente colaborativo, até porque em muitos casos são as comunidades ou organizações que começam o projeto (e não o pesquisador), e são elas que formam o primeiro grupo de "usuários" (e não os colegas acadêmicos do pesquisador). Como o foco do presente volume é ajudar o pesquisador que está planejando executar sua própria pesquisa, não vou dizer muito mais sobre tal pesquisa aplicada, iniciada pelo usuário. Entretanto, eu indicaria a discussão de Pink – que não é de forma alguma limitada à antropologia – para pesquisadores visuais que estão considerando uma carreira além da academia.

☑ ÉTICA

Já mencionei a questão da ética várias vezes, e agora é o momento apropriado para iniciar uma discussão plena. Considerações éticas são relevantes para todos os estágios de um projeto de pesquisa social, desde sua concepção inicial até a disseminação final de resultados e além, e consequentemente eu poderia ter tecido uma discussão sobre ética ao longo de todo o livro. Em vez disso, parece lógico agrupar as discussões em uma seção única para facilitar a referência, mas ao fazer isso eu certamente não desejo sugerir que considerações éticas possam ou devam ser descartadas de qualquer forma, como um componente necessário mas enfadonho que se regulariza (em um formulário de projeto para subvenção, por exemplo) e depois se põe de lado. Como foi observado no Capítulo 1, as metodologias de pesquisa visual seriam combinadas com uma variedade de outras metodologias de pesquisa no decorrer de um projeto de pesquisa social normal e, consequentemente, a consideração ética deve ser levada a todos os aspectos do processo de pesquisa. Assim como as considerações específicas discutidas nos outros livros dessa *Coleção* em relação a entrevistas, observações e assim por diante, agora há muitas publicações discutindo a ética da pesquisa social em geral (p. ex., Israel e Hay, 2006; de Laine, 2000) e em antropologia com base em pesquisa de campo (p. ex., Meskell e Pels, 2005), além de algumas mais especificamente orientadas à pesquisa visual (p. ex., Pink, 2001; Prosser, 2000). Em acréscimo, muitas equipes disciplinares estabeleceram suas próprias linhas de ação ética – por exemplo, aquela produzida por meu próprio corpo profissional, a Associação de Antropólogos Sociais do Reino Unido.[10] Isso tudo fornece bases valiosas para a construção de uma estrutura ética em torno dos projetos propostos como um todo, mas haverá qualquer consideração ética específica que o uso e a criação de materiais visuais ocasionem?

ÉTICA E ANONIMATO

O ponto mais óbvio de diferenciação diz respeito ao anonimato, ou melhor, à incapacidade de manter o anonimato dado o modo de indexar próprio das representações fotomecânicas. Em geral, todas as pesquisas sociais concordam que a menos que haja uma forte justificativa para fazer de outro modo, o pesquisador social tem o dever de proteger a privacidade de seus sujeitos de pesquisa. Assim, tanto a pesquisa discreta (onde os sujeitos pesquisados não se dão conta de que há uma pesquisa sendo feita) quanto a publicação ou disseminação de detalhes que possam identificar indivíduos específicos são geralmente desaprovadas. Em algumas formas de pesquisa social, como as que empregam questionários em ampla escala, a questão raramente aparece na medida em que os dados dos indivíduos são logo lançados em grupos e categorias que se apresentam em forma numérica. Em outras formas de pesquisa que se alimentam de histórias de vida ou de casos, o anonimato e a privacidade podem ser assegurados pelo uso de pseudônimos para pessoas e lugares quando forem publicados os resultados.[11] Geralmente isso não é viável quando se trata de pesquisa visual. Isso é imediatamente óbvio nos casos em que o pesquisador cria imagens fixas ou em movimento de sujeitos de pesquisa, mas também se aplica a casos de pesquisa conduzida sobre imagens preexistentes.

No artigo sobre conteúdo visual citado no Capítulo 3, Philip Bell reproduz 40 imagens de capa de uma revista feminina australiana (P. Bell, 2001, p. 11-12). As imagens são dificilmente maiores do que selos postais, mas cada uma apresenta uma cabeça e ombros ou uma chapa de três quartos de uma mulher, cada uma das quais provavelmente ainda é reconhecível para si mesma ou para aqueles que a conhecem. Não há qualquer indicação no artigo ou em outro lugar no volume editado de que a autorização dessas mulheres tenha sido procurada para a (re)utilização de suas imagens dessa forma. Isso não é surpreendente: as mulheres são presumivelmente todas modelos profissionais e à época das sessões originais de fotos elas ou seus agentes teriam assinado contratos concordando com os usos que poderiam ser feitos das imagens. Além disso, à época da publicação cada imagem da mulher teria sido vista por dezenas, talvez centenas de milhares de pessoas pela Austrália afora, e nessa medida elas são em parte imagens "públicas". O tratamento que Bell faz das imagens é bastante neutro; ele não comenta qualquer imagem em particular, que dirá qualquer mulher retratada em particular, e o ponto da sua análise não é falar o que quer que seja das próprias mulheres, mas sugerir modos pelos quais a análise do conteúdo pode indicar mudanças na autoimagem da revista ao longo de um quarto de século.

O ponto dessa discussão não é sugerir qualquer tipo de violação de ética por parte de Bell – longe disso; este parece um uso inteiramente razoável das imagens em que ninguém pretende ou supõe qualquer mal para as mulheres. Então, o que teria que mudar para um uso de imagens como essas se tornar problemático? O autor pode (subjetivamente) afirmar que algumas das modelos de capas mais antigas eram mais "feias" e que no último período da amostragem a revista passou a utilizar modelos mais "bonitas", o que poderia ser vexatório para as identificadas como "feias". Por outro lado, em vez de escolher uma revista feminina, o autor poderia ter escolhido uma revista erótica, de conteúdo explícito ou implícito, para a análise de capas; aqui a questão pode ser a de uma mulher que talvez tivesse sido coagida a se exibir para uma foto de capa nos anos de 1970, mas que depois se arrependeu amargamente e procurou esconder suas ações de seus amigos e familiares. Embora trabalhos não embasados em metodologias de pesquisa de campo visual (p. ex., Kresse e van Leeuwen, 1996; van Leeuwen e Jewitt, 2001) em geral não contenham discussões explícitas de ética, não é difícil perceber que há uma dimensão ética potencial simplesmente porque, na reprodução de imagens para propósitos de ilustração ou análise, indivíduos específicos podem ser identificados.

ÉTICA E CRIAÇÃO DE IMAGEM

Tópicos éticos entram muito mais obviamente em questão quando pesquisadores sociais criam suas próprias imagens dos sujeitos de pesquisa ou usam e reproduzem essencialmente imagens privadas que eles forneceram, como fotografias de família. Como notamos nos Capítulos 1 e 3, o ato de olhar para as pessoas – escopofilia, fixidez de olhar, vigilância, bisbilhotice – pode carregar complicados ecos do modelo panóptico de Foucault, especialmente quando conduzido por aqueles que detêm ou buscam um poder sobre aqueles assim observados. O poder não apenas de olhar, mas de gravar e disseminar, é um poder que todos os pesquisadores sociais que criam imagens devem reflexivamente abordar. Não pode haver regras absolutas ou diretrizes sobre isso (ainda que escritores como Trinh T. Minh-ha cheguem perto de condenar todos os projetos de filmes etnográficos produzidos pela "antropologia branca" (1991, citado em Ginsburg, 1999; ver também Ruby, 2000, Cap. 8).

Por ocasião da criação da imagem, quando o pesquisador social traz a sua câmera e começa a filmar ou tirar fotos, mesmo se nenhuma permissão formal tenha sido buscada ou pudesse ser facilmente obtida (p. ex., tomadas gerais em uma rua ou em um mercado), algumas pessoas podem não se importar, mas outras podem se opor. A solução aqui não é tanto de natureza ético-legal (o pesquisador distribuindo termos de autorização para cada um), mas intelectual: pesquisador deve saber o bastante sobre a sociedade ou comunidade por meio de sua pesquisa, passando pela biblioteca e pelo campo, para antecipar qual resposta será mais provável. Da mesma forma, no momento da reprodução e distribuição daquelas imagens, um pesquisador social que não puder medir como seus sujeitos de pesquisa responderão deveria se perguntar o quanto ele realmente sabe sobre as pessoas. No entanto, uma vez que elas tenham sido produzidas e disseminadas, pesquisador social perde bastante o controle sobre as imagens, um tópico que será retomado no próximo capítulo.

Fora deixar completamente de filmar e fotografar, uma solução útil para o problema do anonimato parece ser virá-lo de cabeça para baixo. Em vez de se preocupar com o poder da mídia visual mecânica de inevitavelmente identificar indivíduos e depois procurar maneiras de evitar isso, a solução parece ser explorar e usar essa propriedade. Os projetos colaborativos de filme e vídeo descritos acima, e outros como eles, dependem de um extenso período de discussão com os sujeitos sobre a natureza das representações visuais e de incentivá-los a usar a mídia para expressar suas vozes (literal e metaforicamente). Tal abordagem não é necessariamente limitada a representações visuais produzidas para consumo único ou principalmente da própria comunidade, mas pode também ser empregada facilmente para projetos fotográficos e de filmes destinados a um consumo bem longe do contexto local. O resultado deve ser que as vozes ouvidas são projetadas conscientemente, com permissão para seu uso.

PERMISSÕES E DIREITOS AUTORAIS

Questões éticas muitas vezes são entrelaçadas a direitos autorais e outras questões legais,[12] e teoricamente essas últimas são geradas pelas primeiras. Em sociedades euro-americanas, os direitos autorais de imagens geralmente são atribuídos ao criador da imagem, não ao sujeito dela.[13] No caso das imagens de capas de revista discutido acima, o fotógrafo teria ficado com os direitos autorais, não as modelos, embora nesse caso o fotógrafo teria quase certamente transferido os direitos para a revista, que encomendou as imagens em primeiro lugar.

O princípio é que ao fazer uma fotografia ou um trecho de filme ou gravação, o criador dá à luz algo que não existia antes e, portanto, tem direitos sobre isso. O sujeito da imagem, ao contrário, não fez nada além de simplesmente ser ou estar. Não é nenhuma surpresa que nem todos concordem com isso, e alguns casos do que é muitas vezes chamado de repatriação visual são discutidos no próximo capítulo. Voltando ao artigo sobre capas de revista rapidamente debatido acima, há um argumento de que Bell, o autor do capítulo, ou seu fotógrafo, poderiam reivindicar direitos autorais sobre as duas imagens das capas em que eles aparecem em uma grade de 4 X 5 (P. Bell, 2001, Figuras 2.1 e 2.2). Esta é uma zona extremamente controversa; as figuras poderiam contar como "trabalhos derivativos" e, se isso fosse verdade, o detentor dos direitos sobre as capas originais da revista (supostamente a editora da revista) também poderia reivindicar a autoria do trabalho derivativo.

Contudo, como Halpern argumenta, enquanto o direito autoral protege a expressão de uma ideia (não a própria), o que exatamente constitui uma "expressão" é discutível (Halpern, 2003, p. 152-153). Halpern passa a considerar o caso da manipulação de imagem digital: teria sido criada uma coisa nova ou ainda trata-se de um trabalho derivativo? Alguns autores têm enfrentado problemas pelo advento da fotografia digital e seu potencial para comprometer a "verdade" das imagens (p. ex., Leslie, 1995), mas outros são mais otimistas. Becker e Hagaman (esse último foi fotojornalista), por exemplo, apontam que a manipulação de imagem sempre aconteceu, no sentido de retoques, no jornalismo. O que parece ser novidade é uma preocupação com isso, uma preocupação que emerge não de fundamentos morais ou epistemológicos, mas das "relações sociais indefinidas e emergentes que constituem o mundo da criação de imagens hoje" (Becker e Hagaman, 2003,

p. 349). Em casos de disputas de autoria, a lei está julgando um conjunto de convenções, não uma questão de ética. Pesquisadores visuais devem, porém, ficar alerta a dois pontos. O primeiro é legal: estão produzindo, reproduzindo ou alterando uma imagem que mais alguém pode reivindicar para si? A segunda é moral: com que direito (garantido por lei ou de outro modo) estão produzindo, reproduzindo ou alterando uma imagem?

Se a negociação e a colaboração foram defendidas na seção anterior como uma solução possível para a última questão, permissões e documentos de liberação seriam uma solução para a primeira. Como acontece em soluções para dilemas éticos, a "permissão" deve ser compreendida em um contexto cultural ou socialmente apropriado. Alguns cineastas etnográficos e de documentários insistem na utilização de autorizações escritas e de contratos com seus sujeitos antes da filmagem; outros não o fazem, e muito se tem escrito sobre os erros e acertos éticos da produção de filmes documentários (ver Rosenthal, 1980; Gross et al., 1988). Entre os conhecedores de mídia, ou em situações onde muita discussão prévia acontece, o uso de formulários de autorização pode muito bem ser possível e eficaz (Barbash e Taylor, 1997, p. 485-487, oferecem formulários para três modelos de autorização, ainda que aconselhem a consulta a um advogado). Entre grupos que têm pouca familiaridade com a leitura ou as tecnologias mecânicas da imagem tais formulários podem ser insignificantes, ou pior: as pessoas cujas vidas são sufocadas por funcionários acenando documentos, ou aquelas envolvidas em atividades ilegais, mesmo que tais atividades não sejam capturadas em filme, provavelmente relutarão a assinar seus nomes em contratos que mal compreendem.

Deve estar claro, por tudo o que foi dito neste capítulo, que o emprego de metodologias visuais nos contextos de pesquisa de campo no "mundo real" está longe de ser simples. Todavia, é melhor ver as dificuldades, tais como dilemas éticos, mais como oportunidades do que barreiras a serem superadas. No debate com sujeitos de pesquisa sobre tópicos importantes em suas vidas, a qualidade da pesquisa social deve aumentar, não diminuir. Uma abordagem reflexiva ("O que esta pesquisa significa para mim?") e um espírito de questionamento crítico ("Quem se beneficia desta pesquisa?") são ambos aprofundados quando os próprios sujeitos de pesquisa se fazem tais perguntas sobre o pesquisador.

✅ PONTOS-CHAVE

- A pesquisa de campo etnográfica é um processo intenso e exigente. Antes de empreendê-la pela primeira vez, os pesquisadores devem assistir a todas as sessões de treinamento disponíveis e idealmente

falar com outros que fizeram pesquisa de campo para estarem tão preparados quanto possível.
- É bem possível que sujeitos de pesquisa tenham receio de posar para retratos, ou fiquem chateados ao descobrir que fotografias suas ou de seus ancestrais foram armazenadas em arquivos ou bibliotecas onde qualquer um pode vê-las. Os pesquisadores devem ser sensíveis às percepções locais da fotografia e tentar sempre estabelecer uma relação com as pessoas antes de tirar fotos ou filmar. Encorajar os sujeitos de pesquisa a tirar fotos com a câmera do pesquisador é muitas vezes uma boa maneira de quebrar o gelo e pode conduzir a resultados interessantes para a própria pesquisa.
- Assim como as preocupações éticas mais abrangentes que devem ser consideradas, os pesquisadores devem verificar quais são as restrições legais específicas existentes; em alguns países, por exemplo, é ilegal tirar fotografias de pontes ou aeroportos; em outros, inspeções legais devem ser feitas antes de um pesquisador poder trabalhar com crianças ou outras pessoas vulneráveis. Essas verificações podem demorar algum tempo, de forma que é bom verificar quais são as exigências o mais cedo possível.

LEITURAS COMPLEMENTARES

Dresch e colaboradores (2000) não escreveram um guia metodológico, mas fornecem sugestões muito úteis para a prática de pesquisa de campo etnográfica, enquanto o trabalho de Ellen (1984), embora hoje um pouco ultrapassado, é um bom guia para todas as etapas da prática etnográfica; Nigel Fielding traça um panorama mais conciso a partir de uma perspectiva sociológica e inclui uma discussão de pesquisa discreta. A obra de Barbash e Taylor é o melhor guia para a produção de filme etnográfico e inclui seções úteis sobre ética e permissões; ambos os volumes de Gross e colaboradores (1998, 2003) cobrem tópicos de ética em pesquisa visual de uma ampla variedade de perspectivas. O trabalho de Collier e Collier, também hoje bastante ultrapassado, ainda assim é útil ao fornecer um pano de fundo para metodologias visuais como a foto-elicitação, enquanto Pink cobre um conjunto mais amplo, incluindo novas práticas de mídia. Angrosino fornece uma visão geral da etnografia e Flick, as questões de qualidade em pesquisa qualitativa.

Angrosino, M. (2007). Doing Ethnografical Research (Book 3 do *The SAGE Qualitative Research Kit*). London: Sage. Publicado pela Artmed Editora sob o título de *Etnografia e observação participante*.

Barbash, I. and Taylor, L. (1997) *Cross-Cultural Filmmaking: A Handbook for Making Documentary and Ethnographic Films and Videos*. Berkeley: University of California Press.

Collier, J. e Collier, M. (1986) *Visual Anthropology: Photography as a Research Method*. Albuquerque: University of New Mexico Press.

Dresch, P., James, W. and Parkin, D. (eds) (2000) *Anthropologists in a Wider World: Essays on Field Research*. Oxford: Berghahn Books.

Ellen, R.F. (ed.) (1984) *Ethnographic Research: A Guide to General Conduct*. London: Academic Press.

Fielding, N. (2001) 'Ethnography', in N. Gilbert (ed.), *Researching Social Life*. London: Sage, pp. 145–63.

Flick, U. (2007b) *Managing Quality in Qualitative Research* (Book 8 of *The SAGE Qualitative Research Kit*). London: Sage. Publicado pela Artmed Editora sob o título de *Qualidade na pesquisa qualitativa*.

Gross, L., Katz, J. e Ruby, J. (eds) (1988) *Image Ethics: The Moral Rights of Subjects in Photographs, Film, and Television*. New York; Oxford: Oxford University Press.

Gross, L., Katz, J. e Ruby, J. (eds) (2003) *Image Ethics in the Digital Age*. Minneapolis: University of Minnesota Press.

Kvale, S. (2007) *Doing Interviews* (Book 2 of *The SAGE Qualitative Research Kit*). London: Sage.

Pink, S. (2001) *Doing Visual Ethnography: Images, Media and Representation in Research*. London: Sage.

5

APRESENTAÇÃO DA PESQUISA VISUAL

Objetivos do capítulo

Após a leitura deste capítulo, você deverá:

- compreender que o público deve ser considerado antes da apresentação dos resultados da pesquisa;
- conhecer algumas maneiras de apresentar pesquisa social visualmente;
- compreender os exemplos que demonstram o valor da pesquisa colaborativa.

> **ESTUDO DE CASO**
> **Histórias de Oak Park e apresentação de mídia mista**
>
> O trabalho recente do antropólogo visual Jay Ruby fornece um exemplo interessante do uso de toda uma série de mídias e da divulgação de um projeto de pesquisa social. Ruby examinou a transformação social em Oak Park, um subúrbio de Chicago famoso por sua integração social. Ele fez pesquisa etnográfica de campo em Oak Park durante mais de um ano, concentrando seu trabalho nesse período em várias casas de família que exemplificam a diversidade social do bairro, bem como no centro de alojamento e nas escolas que desempenham um importante papel na manutenção do que Ruby chama de "experimento [da população de Oak Park] em diversidade racial, econômica, religiosa e sexual". Nesse nível, a pesquisa é bastante convencional; o que a torna diferenciada são os métodos que Ruby empregou e a transparência e abertura com as quais ele a conduziu. No início do projeto, Ruby criou um *site* na Internet, basicamente para os próprios residentes de Oak Park, explicando os objetivos e o escopo do projeto. Durante o desenrolar da pesquisa, Ruby acrescentou a esse *site* o que agora representa um total de cinco anos de relatórios de progresso mensal e depois trimestral, bem como esboços de artigos acadêmicos, declarações de posição sobre assuntos como aplicação dos fundos de pesquisa e histórias sobre seu trabalho em um jornal local.
> Metodologicamente, Ruby estava tentando criar o que ele chama de "uma etnografia pictórica", que envolvia não apenas gravar entrevistas e atividades cotidianas de seus sujeitos de pesquisa em vídeo, mas também juntar um arquivo de dezenas de fotografias fixas de Oak Park cobrindo um período de cinquenta anos. Também tentou explorar os limites de uma abordagem reflexiva e colaborativa (ele nasceu e foi criado em Oak Park) à pesquisa social. Seu método de publicação escolhido é em CD, que permite incluir imagens fixas e em movimento, bem como texto. O CD permite também apresentar muito mais material do que seria possível com a publicação de um livro ou um único filme etnográfico, e ainda o libera das injunções da linearidade ou de criar uma única linha de argumento coerente. Ruby embarcou nesse projeto mais ou menos na época em que se aposentou de um posto acadêmico. Nesse sentido, então, ele tinha pouco a perder com sua escolha de "publicar" de uma maneira não convencional, enquanto um pesquisador mais jovem poderia sentir-se pressionado a submeter artigos à avaliação de seus colegas para publicação em revistas profissionais. No entanto, sua apresentação de todos os seus materiais de pesquisa iniciais e relatórios em um *site* da Internet é uma estratégia que pode ser reproduzida por qualquer pessoa, e certamente é vantajosa para a promoção de pesquisa colaborativa (presumindo que os sujeitos de pesquisa tenham acesso à Internet e entendam o idioma usado na página). O *site* de Ruby para o projeto pode ser acessado em http://astro.temple.edu/~ruby/opp/; também contém detalhes de como encomendar os dois primeiros CDs (de quatro projetados) de Histórias de Oak Park.

MODOS DE APRESENTAÇÃO

O capítulo anterior terminou com uma discussão sobre ética, direitos e direito autoral, iniciando assim a mudança de um exame dos métodos visuais

FIGURA 5.1 Jay Ruby filmando no centro de alojamento de Oak Park (Cortesia do Oak Park Housing Center).

no campo para uma discussão de publicação, apresentação e divulgação. Na maioria das vezes, os pesquisadores sociais apresentam seus resultados de forma escrita e os divulgam pelos canais convencionais. Há pelo menos quatro revistas especializadas (listadas no final do Capítulo 1) dedicadas a publicar resultados de pesquisa social científica visual, e na medida em que as metodologias visuais se disseminam de sua área original em antropologia e sociologia para áreas como psicologia e estudos de saúde, aumentam cada vez mais as probabilidades de revistas dessas disciplinas aceitarem trabalhos com base em pesquisa visual. Ao mesmo tempo, os estudantes de pelo menos alguns cursos de ciências sociais estão aptos a conduzir pesquisa visual em nível de doutorado (e também em níveis abaixo) e ter seus resultados aceitos por seus colegas e avaliadores. A maioria de tais publicações (ou dissertações) reproduz materiais visuais criados ou estudados no decorrer da pesquisa, mas estes têm tipicamente uma função ilustrativa, destinando-se a apoiar ou servir de evidência para o argumento escrito, e não a fornecer um contra-argumento. É claro que há exceções como, por exemplo, *Visual Methodologies*, de Rose (2001), e *Researching the visual*, de Emmison e Smith (2000), ambos contêm imagens com as quais o leitor é solicitado a interagir de alguma forma, todavia ambos os textos estão dirigidos a estudantes e possuem finalidades didáticas. Em contraposição, o presente volume usa o pequeno número de imagens quase exclusivamente para fins ilustrativos.

Seja qual for o objetivo das imagens usadas, as principais considerações (pelo menos para publicações, se não para dissertações de estudantes[1]) têm a ver com autoria, direitos de reprodução e custos. Afora essas considerações, a divulgação de resultados de pesquisa visual dessa maneira pouco difere da divulgação de quaisquer resultados de pesquisa. Em contraposição, este capítulo é voltado basicamente para a apresentação *visual* de resultados de pesquisa, e não para a apresentação escrita ou verbal de resultados de pesquisa visual.

COMPREENSÃO DO PÚBLICO

Como em qualquer projeto de pesquisa, os projetos de pesquisa visual devem considerar o público-alvo desde o início, mas talvez precisem estar especialmente atentos ainda para os públicos não previstos. Há também diferentes questões a considerar na apresentação dos resultados de pesquisa visual, particularmente quando essa apresentação é (totalmente ou em parte) visual. Dizer que imagens são multivocais, e "falam" para diferentes pessoas em diferentes contextos de diversas maneiras é um axioma da própria pesquisa visual; se, de algum modo, não fosse esse o caso, a maior parte da pesquisa visual se tornaria redundante. Mesmo assim, às vezes parece que os pesquisadores que apresentam seus resultados visualmente não dão atenção suficiente a esse ponto.

Por exemplo, a pequena quantidade de pesquisa feita sobre a recepção de filmes documentários com suas audiências mostra que elas não leem os filmes de maneira transparente e natural, mas trazem para eles compreensões culturais e sociais previamente formadas. Em uma pesquisa com audiências de estudantes americanos assistindo filmes como parte de um curso de introdução à antropologia, Martinez descobriu que certos filmes geravam uma resposta aberrante, uma "leitura errada" das supostas intenções dos filmes (Martinez, 1990, 1992). Em filmes sobre sujeitos de pesquisa exóticos, como os ameríndios da floresta, os alunos "leram" a aparência e o comportamento dos sujeitos (quase nus e realizando cerimônias elaboradas, às vezes ligadas a ameaças de guerra ou violência) como confirmação dos estereótipos incorretos que eles já mantinham de povo "primitivo" ou "tribal". Da mesma forma, filmes que tinham uma intenção explicitamente didática, com comentários em *voice-over* e tabelas ou diagramas na tela, eram considerados secos e cansativos. Seguindo Umberto Eco, Martinez classifica a grosso modo os textos de filme como abertos ou fechados. Quanto mais didático ou "fechado" é um texto, maior é sua probabilidade de errar o alvo e ser objeto de leituras anormais. Por outro lado, os filmes "abertos" – pouco estruturados, de estilo observacional, sem comentários – tem um desempenho melhor, pois exigem um maior envolvimento da parte do espectador para dar sentido ao texto (Martinez, 1992, p. 135-136). Mais como curiosidade, Ginsburg menciona que, enquanto um cineasta profissional e crítico pós-colonial descartou o projeto "Por olhos navajo", de Worth e Adair (1972) por ser "condescendente", estudantes indígenas americanos que foram alunos de Ginsburg acharam o filme "valioso e encantador" (Ginsburg, 1999, p. 162).

Esses resultados são contextualmente específicos, referindo-se em ambos os casos a audiências de estudantes nos Estados Unidos. Contudo o que importa destacar é que, seja qual for a leitura "correta" do filme ou de outra imagem pretendida pelo produtor da imagem, o público pode responder a ele de outras maneiras, que não serão necessariamente aleatórias.

APRESENTAÇÃO DE PESQUISA VISUAL EM CONTEXTOS ACADÊMICOS

Muitos pesquisadores conduzem seu trabalho em um ambiente acadêmico, e espera-se que eles adquiram as habilidades e aprendam as convenções necessárias para apresentar tal pesquisa a um público acadêmico. Em relação a resultados escritos de pesquisa, essas convenções estão relativamente bem estabelecidas, embora difiram de disciplina para disciplina e também mudem ao longo do tempo. Em relação às comunicações visuais, todavia, sejam quais forem as habilidades do pesquisador (em edição de filme, por exemplo), as convenções que ele deve obedecer são muito menos bem definidas. Em sintonia com a afirmação da antropóloga Margaret Mead de que as ciências sociais são "disciplinas de palavras" (Mead, 1995), alguns pesquisadores visuais sugeriram que seu trabalho não é devidamente apreciado nem entendido por seus colegas de profissão (p. ex., Grady, 1991; Prosser, 1998). Como observado no Capítulo 2, após um período inicial em que a fotografia foi aceita como "evidência" de afirmações sociológicas, o poder das imagens em antropologia e sociologia rapidamente se esvaiu e, na maioria das vezes, as fotografias tendem a aparecer em trabalhos escritos como meras ilustrações, adições ao texto relativamente redundantes.[2] Imagens em movimento não podem de forma alguma ser integradas a textos impressos, é claro (ver abaixo sobre multimídia), mas pelo menos para filmes etnográficos desenvolveu-se desde a década de 1970 um rico circuito de festivais de obras, permitindo que sejam apresentadas tanto para antropólogos quanto para cineastas profissionais.

Mesmo quando são usadas como "meras" ilustrações em um texto de orientação essencialmente verbal, conectadas por legendas e texto que descreve a imagem, as fotografias e outras imagens em publicações acadêmicas não são facilmente inseridas, especialmente com o passar do tempo e as mudanças de contexto. Isso é absolutamente verdadeiro no caso das primeiras publicações do tipo "raças da humanidade", onde, separada dos pressupostos intelectuais da época, atualmente é difícil visualizar a suposta tipologia que as imagens supostamente deviam demonstrar. No capítulo anterior foi sugerido que a melhor maneira de lidar com as questões éticas e intelectuais que aparecem na pesquisa visual era trabalhar *com* os sujeitos de pesquisa em vez de produzir *sobre* eles. De forma semelhante, na apresentação de pesquisa visual os pesquisadores podem tentar trabalhar com imagens, deixando-as falar por si mesmas, por assim dizer, em vez de tentar forçá-las a se adaptar a uma programação intelectual predeterminada. Essa ideia será mais explorada na próxima seção, sobre miltimídia; ver também o estudo de caso no começo deste capítulo.

APRESENTAÇÃO DE FOTOGRAFIAS FIXAS: O ENSAIO FOTOGRÁFICO

No capítulo anterior descrevi rapidamente como Ruud van Wezel trabalhou com seus sujeitos de pesquisa em Lisboa para criar uma fotonovela, uma forma de apresentação conhecida pelos sujeitos, mas com novo conteúdo. Embora essa forma específica seja incomum para a maior parte dos acadêmicos, a maioria deles está acostumada com fotojornalismo e muitos reconhecerão o ensaio fotográfico. Os ensaios fotográficos surgiram como uma forma de jornalismo e, apesar de serem talvez menos comuns hoje em dia, eles ainda podem ser encontrados nos suplementos de fim de semana dos jornais ou em mostras de galeria. Mesmo que possam teoricamente ser dedicados a qualquer assunto, historicamente houve uma tendência específica em direção às questões de política social e de interesse social. A partir da década de 1960, o crítico de arte/social John Berger e o fotógrafo Jean Mohr colaboraram em uma série de projetos que efetivamente transcenderam as fronteiras entre jornalismo sério, crítica social e sociologia, examinando as classes médias britânicas (1967), os migrantes na Europa (1975) e os camponeses europeus (1982), introduzindo esse modelo na arena acadêmica. Mais recentemente, revistas como *Critique of Anthropology*, *Visual Communication* e *Visual Sociology* (agora *Visual Studies*) publicaram ensaios fotográficos da extensão de artigos, e uns poucos autores conseguiram convencer editores a publicar livros de ensaios fotográficos (p. ex., Harper, 1982, 1987b), ou a incluir ensaios visuais em livros (p. ex., Danforth e Tsiaras, 1982).

Em um artigo sobre a construção do que ele chama de narrativas etnográficas visuais, Harper esboça dois modos de sequenciar fotografias fixas que seriam adequados para construir um ensaio fotográfico (Harper, 1987a). No modo fenomenológico, faz-se uma tentativa de apresentar a experiência subjetiva de alguns fenômenos sociais tanto da perspectiva do pesquisador quanto do *pesquisado*. Embora obviamente guiada por algum tipo de narrativa, não é necessário seguir uma ordem cronológica rigorosa, o objetivo é exploratório e o efeito geral é cumulativo; o intuito do resultado final é "criar a experiência de processo, para evocar um sentimento de tom e textura de adentrar uma outra cultura" (1987a, p. 4). Em contraposição, o modo narrativo, para o qual Harper identifica um grande número de ensaios fotográficos e filmes etnográficos, está mais preocupado em contar uma história, na qual o pesquisador pode ter participado, mas que, no entanto, é, antes de tudo a história dos sujeitos da pesquisa.

Algumas pessoas podem alegar que o trabalho da sociologia empírica não é contar histórias, mas usar a pesquisa e outros métodos para coletar dados de forma sistemática e então apresentar os resultados de maneira inequívoca e precisa. Refutando isso, o sociólgo visual John Grady apresenta dois contra-argumentos. Primeiro, as abordagens sociológicas quantitativas ou formalistas não abrangem completamente todo o material relevante; mesmo desconsiderando o que é excluído do quadro da pesquisa, ainda existe dentro dele o problema das ambiguidades residuais, os dados que não se encaixam depois de todo o resto ter sido perfeitamente classificado. Em segundo lugar, todos os relatos textuais de pesquisa são inevitavelmente narrativizados de qualquer forma (Grady, 1991, p. 29, 34). A isso podemos acrescentar, acompanhando Pink (2001, p. 135), que ninguém está sugerindo que os ensaios fotográficos substituam completamente todos os outros modos de apresentação de pesquisa social, mas que existem formas de etnografia crítica que são especialmente beneficiadas pela apresentação visual. Isso é especialmente verdadeiro quando uma forma de vida social é bem conhecida por suas representações visuais. Pink cita o exemplo do trabalho de Schwartz sobre o *Superbowl** de Mineápolis, onde as imagens tomadas por Schwartz funcionam como um contraponto para a imagem do evento "manufaturada" por seus criadores e patrocinadores (Schwartz, 1993, citado em Pink, 2001, p. 135).

Não existe modelo único para um ensaio fotográfico, e os pesquisadores sociais que considerarem essa forma de apresentação de pesquisa devem examinar a série de exemplos existentes para ponderar as variações possíveis. Em todos os casos, a questão mais importante a ser pensada talvez seja a relação entre imagens e texto. Alguns pesquisadores preferem legendar as imagens, outros não. Contudo, se forem legendar, as legendas devem ser longamente descritivas e talvez interpretativas ou meramente limitadas a dados factuais como data e local? Se não houver legendas, as imagens devem ser pelo menos numeradas (Figura 1, Figura 2, etc.) e citadas no texto que as acompanha ou simplesmente devem falar por si mesmas? Deve haver

---

* N. de T. Jogo decisivo do campeonato da NFL, a liga nacional de futebol americano.

qualquer tipo de texto para acompanhar as imagens, sejam elas legendadas ou não? As respostas para essas questões dependem em parte daquilo que o pesquisador social quer fazer com a apresentação, mas também de quem ele considera seu público. Dentro da antropologia, por exemplo, um pesquisador não pode presumir prontamente que os leitores terão conhecimento do amplo contexto etnográfico do qual a etnografia específica apresentada pelas fotografias forma uma parte detalhada, e normalmente fazem-se necessários um texto de acompanhamento ou legendas bastante longas. Outra possibilidade seria apresentar material relativamente factual em um texto escrito, talvez até mesmo com resultados de análise quantitativa que seriam facilmente compreendidos por leitores especializados em sociologia, enquanto as imagens sem legendas funcionariam como um complemento expressivo.

O objetivo em geral é garantir que texto e imagem sejam empregados de modo a maximizar seu potencial comunicativo ou expressivo. Dessa forma, o ensaio fotográfico é bem diferente de um texto ilustrado. Em seu livro sobre "a gramática do *design* visual", Kress e van Leeuwen (1996) apresentam mais de 180 imagens ao longo de cerca de 280 páginas, mas a grande maioria delas está ali como exemplos ilustrativos de algum ponto destacado no texto ou para apresentar sua matéria-prima. As imagens não se destinam a ser lidas independentemente do texto ou a formar um meta-argumento por conta própria, mas são, em vez disso, obrigadas pelo texto a exercer uma função específica. Em contraposição, o ensaio fotográfico no final do livro de Danforth e Tsiaras sobre rituais de morte gregos (1982) formam um texto paralelo ao texto escrito principal e também ao textos individuais que o acompanham; as imagens têm a finalidade de fornecer um contraponto para as palavras e de ir além delas.

APRESENTAÇÃO DE FILME E VÍDEO

Esta seção ocupa-se apenas dos filmes feitos por pesquisadores sociais com a intenção específica de oferecer uma contribuição à prática e aos resultados de sua disciplina; excluo, portanto, o que provavelmente constitui a maioria dos filmes "etnográficos". Isso não pretende negar o valor de tais filmes – sobre os quais eu e outros escrevemos extensamente, mas simplesmente manter o foco primeiro e antes de tudo na pesquisa social. Os filmes que são especificamente concebidos e executados como parte de um processo de pesquisa social em andamento geram considerações específicas de público.

O antropólogo e cineasta etnográfico francês Jean Rouch disse certa vez que ele fez filmes em primeiro lugar para ele mesmo, em segundo, para as pessoas que participaram nos filmes e, finalmente, para "o maior número de pessoas, para todo mundo" (Eaton, 1979, p. 44-46). Embora uma tal ordem de prioridade seja um luxo ao qual talvez apenas os pesquisadores sociais tenazes (como Rouch) ou financeiramente independentes possam se dar, o que ele afirma é uma lembrança de que as audiências da pesquisa social podem ser múltiplas. Eu lido abaixo com a segunda das audiências de Rouch, os sujeitos de pesquisa, e focalizo aqui a terceira.[3] Embora ter "o maior número de pessoas" assistindo nosso filme seja uma meta desejável, na prática, a vasta maioria dos filmes feitos por pesquisadores sociais é assistida apenas por poucas dezenas de pessoas em um ou dois festivais, e daí em diante são vistos principalmente por estudantes a quem são exibidos por motivos didáticos.[4]

Os filmes feitos por cineastas profissionais, sobre assuntos de amplo interesse sociológico, são frequentemente destinados à televisão, tendo ou não um pesquisador profissional envolvido na produção. Nesse contexto, alguns afirmam que tais filmes servem para divulgar uma disciplina, tal como a antropologia, e seus resultados junto a um público leigo, promovendo assim maior tolerância e entendimento. Há alguma evidência marginal de que isso pode ser verdadeiro, mas é preciso mais pesquisa para demonstrar esse efeito. O trabalho de Martinez, citado no início deste capítulo, indica que o efeito oposto também é um resultado possível.

Contudo, a afirmação de que a maior audiência para o filme de um pesquisador social será formada de estudantes não tem o propósito de menosprezar o filme ou o público estudantil. Uma grande quantidade da produção de pesquisa escrita é lida por estudantes, bem como, evidentemente, por colegas profissionais e praticantes. Como a maioria dos estudantes de graduação nas disciplinas de pesquisa social não continuará na área para tornar-se sociólogos, antropólogos ou o que seja, é importante que os livros e artigos que eles lerem e os filmes que virem durante seus estudos sejam bem examinados e suas percepções sociológicas sejam claras. Isso não quer dizer que todos os filmes devam ser didáticos, mas uma conscientização do contexto amplo da audiência deve ter seu papel. Os cineastas profissionais, de olho na audiência televisiva, não têm nenhuma obrigação e talvez tenham pouco interesse em garantir a validade sociológica de suas produções. Os pesquisadores profissionais, sabendo que estudantes quase certamente verão o seu trabalho, devem se esforçar para que ele se articule com o *corpus* mais amplo da pesquisa social nas áreas relevantes como se estivessem preparando um artigo para publicação.

Isso não pretende defender uma conformidade servil, de modo que todos os filmes de pesquisa social meramente confirmem ou ilustrem posições sociológicas conhecidas. Seguindo a linha de Grimshaw, mencionada no capítulo anterior, metodologias visuais postas em prática podem muito bem desafiar posições existentes dentro de uma disciplina, mas só podem fazer isso com pleno conhecimento de como são essas posições. No decorrer do planejamento e na execução de um projeto de filme de pesquisa social é necessário encontrar o meio-termo entre abordar a audiência desejada com "alguma coisa para todo mundo" e focar em excesso um público específico. A primeira abordagem corre o risco de não envolver ninguém muito intensamente, enquanto a última corre o risco de perder seu alvo específico. Os filmes pesadamente didáticos que Martinez descobriu serem propensos a leituras aberrantes foram criados para uso no ensino de antropologia a estudantes universitários norte-americanos do final da década de 1960. Qualquer que tenha sido sua recepção, uma geração posterior achou-os "maçantes e repetitivos" e "não entendeu o que estava acontecendo" (Martinez, 1990, p. 41).

Como no caso do ensaio fotográfico, a relação entre imagem e texto também deve ser considerada. Os filmes didáticos geralmente têm uma narração *voice-over* quase constante, que descreve o que o espectador pode ver na tela ou dirige a atenção do espectador para incidentes ou ações específicas. Os filmes mais "abertos", aqueles que exigem que o espectador se envolva com as imagens e os sons para buscar significado, fazem pouco ou nenhum uso da narração *voice-over*. Há vantagens e desvantagens em ambas as posições; no último caso especificamente, existe o perigo de que filmes "abertos" sobre sujeitos de pesquisa exóticos (para o espectador) careçam de suficiente contextualização para que aquilo que está sendo visto e ouvido seja compreensível para o espectador.

Por essa razão, alguns escritores que abordam filmes etnográficos defenderam a produção de guias de estudo para acompanhar filmes usados em aula (p. ex., Heider, 1976, p. 127). Embora haja desacordo sobre isso, até certo ponto esse não é o problema. Produzindo-se ou não um guia de estudo específico, um filme criado e apresentado como resultado de um trabalho de pesquisa social não será um produto único; haverá relatórios, uma dissertação, artigos publicados, apresentação de conferências e outras formas de produção escrita e de base linguística. Tomadas em conjunto, eles formam um *corpus* de resultados de pesquisa, cada qual destacando seu próprio ponto, mas oferecendo apoio ou acrescentando perspectivas alternativas aos outros.

ACEITAÇÃO PROFISSIONAL

Em geral, os estudantes têm pouca margem de escolha sobre como e o que lhes é ensinado. A projeção de um filme etnográfico ou um show de slides pode dar mais ou menos uma hora de bem-vindo alívio a uma série de aulas expositivas, e o uso efetivo de materiais visuais em sala de aula pode ser avaliado por meio de questionários aplicados ao final do curso, mas de modo geral não se espera que os alunos avaliem a contribuição intelectual dos resultados de pesquisa visual para disciplinas de pesquisa social como antropologia e sociologia. Alguns pesquisadores visuais profissionais se preocupam, no entanto, quando são avaliados por seus pares, especialmente em casos de contratação ou promoção, temendo não ser levados a sério pelos colegas, ou que seu trabalho não seja compreendido nem devidamente apreciado (p. ex., Grady, 1991; Prosser, 1998; mas cf. MacDougall, 1997). Em resposta a isso, especialmente em relação a históricos de pesquisa e emprego, a Sociedade de Antropologia Visual (SVA, uma seção da Associação Americana de Antropologia) publicou um conjunto de orientações para avaliação da "mídia visual etnográfica" a fim de auxiliar os comitês universitários de seleção (SVA, 2001).

Embora as orientações se refiram especificamente à disciplina de antropologia, com critério elas podem ser adaptadas a outras disciplinas de pesquisa social. Elas não têm nenhum valor legal, evidentemente, e os comitês de promoção e seleção não têm qualquer obrigação de consultá-las, mas são úteis como ponto de partida ao garantir a aceitação profissional de resultados de pesquisa não impressos. As orientações salientam dois pontos básicos. Primeiro, que nem todo conhecimento sociológico de sociedade pode ser apresentado de forma escrita e que "as representações visuais oferecem aos espectadores um meio de experienciar e entender a complexidade, a riqueza e a profundidade etnográficas" (SVA, 2001, p. 5). Segundo, que a produção de materiais de pesquisa não impressos não é de forma alguma tarefa trivial: "sem contar a pesquisa de campo preparatória, a criação de um filme consome facilmente quarenta horas por cada minuto de projeção" (SVA, 2001, p. 6). As orientações insistem que os comitês considerem estes e outros pontos (tais como o valor da mídia audiovisual no ensino) quando examinarem a produção de pesquisa de um professor, que pode ser leve em termos de publicação de trabalhos tradicional, mas de peso em termos de filmes, exibições fotográficas e produções multimídia. As orientações também sugerem que os comitês consultem especialistas profissionais de mídia visual e que as pessoas sob avaliação apresentem cartas de recomendação de especialistas externos, tais como membros de júri de festivais de cinema. As orientações não pedem a aceitação indiscriminada de produtos de pesquisa de mídia visual, afinal, as quarenta horas de preparação para um minuto de projeção na tela podem ter resultado em um filme sociologicamente ingênuo ou tecnicamente deficiente, mas apenas procuram garantir que os modos atípicos de apresentação de pesquisa não sejam descartados somente por sua natureza pouco comum.

APRESENTAÇÃO DE PESQUISA VISUAL A SUJEITOS DE PESQUISA

A ênfase que dei aos projetos de pesquisa colaborativa nos capítulos precedentes encontra seu resultado na decisão de apresentar corolário de pesquisa visual aos sujeitos de pesquisa originais. A justificativa moral para isso deve ser óbvia: os sujeitos de pesquisa deram seu tempo e sua dedicação ao projeto, muitas vezes sem remuneração, e é apenas justo que eles vejam os resultados. O custo de fazer cópias de fotografias ou vídeos para distribuição aos sujeitos da pesquisa deve ser um componente essencial de um orçamento de pesquisa. As questões de "propriedade" das imagens também devem ser esclarecidas no início do processo de pesquisa.

Há também justificações intelectuais para compartilhar resultados visuais com sujeitos de pesquisa. Muitos exemplos já foram mencionados em capítulos anteriores: Collier mostrou suas fotografias de um processo de tecelagem ao tecelão e como resultado foi informado de seu mau entendimento e representação (Collier e Collier, 1986); Steiger (1995) e van der Does e seus colegas (1992) tiraram fotografias de ou com sujeitos de pesquisa, usando-as depois como base para entrevistas, seguidas de novas sessões fotográficas, e assim por diante. Nesta seção eu discuto várias maneiras pelas quais os resultados de pesquisa visual podem ser compartilhados ou devolvidos, indicando os problemas às vezes inesperados que podem surgir (ver também Barbash e Taylor, 1997, p. 6-9).

EXIBIÇÕES

Na conclusão de alguns projetos de pesquisa fica óbvio quais imagens devem ser oferecidas para quais pessoas. Quando pequenos números de sujeitos de pesquisa estão envolvidos, e o pesquisador tiver criado suas próprias imagens (como no caso de Collier, Steiger e van der Does), as imagens podem ser de interesse apenas das pessoas que aparecem nelas. As imagens podem também ser suficientemente íntimas para causar desconforto aos que aparecem nelas quando vistas por muitas outras pessoas. No decorrer de outros projetos as imagens usadas são históricas ou mais distantemente conectadas a sujeitos de pesquisa específicos, e vários pesquisadores preferiram montar exposições públicas. Em um dos casos, Joshua Bell, um antropólogo, levou duas coleções de fotografias históricas para aldeias do Delta do Purari, em Papua Nova Guiné, e usou uma variedade de meios para mostrar as cópias aos aldeões. O motivo de levar as imagens ao Delta do Purari foi permitir o acesso de Bell a narrativas históricas necessárias para sua pesquisa. As imagens, criadas por dois grupos de antropólogos nas primeiras décadas do século XX, foram recebidas "com extremo entusiasmo" (J. Bell, 2003, p. 115). Bell descreve as cenas caóticas e barulhentas quando ele mostrava as imagens para grupos de pessoas, bem como as respostas mais comedidas – e às vezes contraditórias – de indivíduos que viam as imagens reservadamente. Em pelo menos uma ocasião ele montou uma exposição de improviso simplesmente afixando as imagens (cópias digitais) com tachinhas na parede externa de uma casa de sapê e deixou as pessoas decidirem quando e em companhia de quem iriam ver e comentar as imagens (Bell, comunicação pessoal). Exibindo as imagens em público e ouvindo as respostas, mas também mostrando-as reservadamente no decorrer de conversas, Bell pôde ver que a história dos aldeões era contestada, sujeita a revisão e intimamente ligada a eventos políticos daquele momento.

Circunstâncias igualmente serendipitosas levaram Geffroy e um copesquisador a montar uma exposição de velhas fotografias em uma aldeia no sul da França (Geffroy, 1990). Como foi rapidamente discutido no capítulo anterior, Geffroy estava pesquisando a história de uma festa popular do dia de um santo quando se deu conta do valor da foto-elicitação para aumentar seu conhecimento do passado da aldeia. No decorrer da pesquisa, Geffroy e seu colega coletaram um grande número de velhas fotografias, mas perceberam que faltava-lhes informações básicas a respeito de pessoas, locais e eventos retratados em muitos casos. Por isso eles fizeram arranjos para que uma exposição fosse montada, na qual exibiram as velhas fotografias lado a lado com um desenho do contorno dos elementos da composição. Os visitantes da exposição eram solicitados a suprir toda e qualquer informação que pudessem escrevendo dentro dos contornos, o que fizeram, além de fornecer mais fotografias. Os pesquisadores coletaram mais dados para seu trabalho sobre memória social e a experiência, segundo Geffroy (1990. p. 376), afetou os próprios aldeões:

> [a exposição] criou uma atmosfera de agitação em Utelle: novos encontros, intercâmbios entre gerações, discussões e *veillées* [reuniões sociais noturnas em casas particulares] aconteceram. Durante a exposição, não era incomum ver gente, fotografias nas mãos, reunida na rua ou cruzando a aldeia até a casa de um amigo ou parente.

Em certo sentido, as ações de Geffroy e seu colega inadvertidamente estimularam um retorno a antigas formas de interação social, colocando a sociedade da aldeia em conformidade cronológica – ainda que transitória – com as próprias imagens.

Como em todos os outros aspectos do processo de pesquisa, há questões éticas a considerar, bem como questões de propriedade legal e moral das imagens. Geffroy estava exibindo imagens que os aldeões possuíam de qualquer maneira, mas tinham deixado esquecidas em suas casas. Bell, ao contrário, estava mostrando aos aldeães do Delta do Purari imagens que eles nunca tinham visto, mas com as quais, ainda assim, eles se identificavam intensamente. Questões éticas e de propriedade, embora sempre presentes, vêm à tona quando são "repatriadas" imagens dessa maneira para suas comunidades-fonte.

REPATRIAÇÃO VISUAL

Dentro da realidade de museus em geral, e particularmente no mundo do museu etnográfico, questões envolvendo repatriação foram calorosamente discutidas nos últimos anos. Embora a questão da retenção persistente dos Mármores ("de Elgin") do Partenon pelo Museu Britânico esteja na consciência pública e profissional há muitas décadas, desde a década de 1960 a força crescente do movimento dos direitos indígenas mostra que muitos museus etnográficos precisam agora reconsiderar sua propriedade e exibição de objetos adquiridos, por quaisquer meios, por gerações passadas de colecionadores. Em muitos casos, a relação entre colecionador e a chamada comunidade-fonte faz parte de uma relação colonial mais ampla (Peers e Brown, 2003). Pondo de lado as complexas questões práticas, políticas e morais que permeiam as discussões sobre repatriação de objetos de coleções de museus, talvez seja um tanto leviano, embora verdadeiro, destacar que é bastante simples devolver cópias de fotografias e filmes mantidos em arquivos e coleções de museus. As imagens produzidas por processo fotomecânico podem ser copiadas com relativa facilidade e, as cópias, "repatriadas" em uma variedade de formas: como cópias de estúdio de alta qualidade, como imagens digitais em CD (talvez para uso em um centro cultural local) ou simplesmente como impressões laser de cópias digitais, como fez Bell.

O imperativo de "repatriar" dessa maneira pode ser um fim moral em si mesmo, isto é, devolver aquilo que foi tomado, mas pode ser também uma forma de estratégia de pesquisa, como foi no caso de Bell.[5] O pesquisador ingênuo pode presumir que as comunidades locais receberiam as imagens repatriadas de seu passado ancestral incondicionalmente e com gratidão – um retorno bem-vindo de sua "herança visual", no termo de Geffroy (1990). Embora isso possa acontecer (ver Kingston, 2003, por exemplo), não deve ser presumido, e mesmo que a recepção às vezes inesperada ou até hostil dada a imagens devolvidas possa ser incômoda para o pesquisador social em campo, há também valiosos conhecimentos sociológicos a ganhar com a observação e análise do processo. Por exemplo, pode-se esperar que diferentes gerações de uma comunidade reajam diferentemente ao ver imagens de seus ancestrais. Um projeto de história oral que envolveu a devolução de imagens a um grupo do povo luo, no Quênia, descobriu que enquanto as pessoas mais jovens recebiam as imagens com desenvoltura, as pessoas mais velhas ficavam bastante embaraçadas pela aparência "primitiva" de seus antepassados (Edwards, 2003, p. 98, n. 3). Por outro lado, Bell descobriu que enquanto as pessoas mais velhas no Delta do Purari geralmente tinham uma reação favorável às fotografias que lhes mostrava, alguns homens mais jovens buscavam se distanciar das imagens e riam delas (J. Bell, 2003, p. 116).

As diferenças não são exatamente explicadas pelas diferentes trajetórias históricas dos dois grupos, mas são uma maneira de aprender mais sobre essas trajetórias históricas. No caso do Delta do Purari, os aldeões tinham opiniões ambíguas e variadas a respeito de um homem do lugar que, depois da Segunda Guerra Mundial, desorganizou radicalmente a sociedade deles por meio de um movimento social que introduziu novos estilos de vida e uma nova fé (Baha'i). Como as imagens mostraram a vida purari antes do Movimento Kabu, o exame delas fez com que os aldeões questionassem sua própria vida contemporânea, inclusive sua atribulada relação com duas companhias madeireiras malaias operando no delta. Assim, as fotografias não foram recebidas descomplicadamente e, por meio de sua recepção, uma rede complexa de relações sociais contemporâneas inscreveu-se no passado. Para Bell, a repatriação de imagem garantiu acesso a sutilezas das relações sociais do Delta do Purari que de outra forma, imagina-se, teriam escapado à sua consciência.

A repatriação de imagens visuais pode ser feita individualmente por um pesquisador social com relativa facilidade, especialmente se for membro da comunidade-fonte ou já for ligado a ela (como era Deanna Paniataaq Kingston, que "devolveu" um documentário da década de 1930 à comunidade nativa da Ilha King, no Alasca, com a qual ela era aparentada por parte de mãe: Kingston, 2003). Em conjunto, todavia, é melhor empreender tais projetos como parte de uma série de discussões e intercâmbios em andamento entre museus e arquivos metropolitanos e comunidades-fonte. Deve-se pensar também no que se espera que os membros da comunidade-fonte façam com as imagens. Stanton relata que famílias aborígenes em Kimberly não tinham a tecnologia (e as pessoas mais velhas não tinham habilidade) para utilizar CD-ROMs de imagens repatriadas do Museu Berndt no oeste da Austrália e, em vez disso, preferiram ter álbuns de cópias impressas (Stanton, 2003, p. 145). Mesmo assim Brown e Peers criaram CD-ROMs de imagens históricas da Nação Kainai em Alberta, no Canadá, material preparado para uso em escolas como parte de uma política cultural mais ampla aceita pela Nação Kainai (citado em Edwards, 2003, p. 94).

Em todos os projetos descritos na seção acima, as imagens poderiam ter sido estudadas isoladamente, pelo pesquisador social, como documentos históricos. Pela análise de conteúdo, ou talvez uma abordagem psicoanalítica,[6] os pesquisadores poderiam ter se dedicado a uma leitura da narrativa interna das imagens, talvez complementada por uma avaliação do contexto histórico na época da produção da imagem. Em vez disso, todos os pesquisadores citados acima decidiram identificar uma nova audiência para as imagens – os próprios sujeitos das fotografias (ou seus descendentes) – e empreender uma pesquisa de campo que reuniu imagens e sujeitos. Assim fazendo, não apenas novas leituras das fotografias – e certamente o próprio processo fotográfico – foram trazidas à tona, mas novas percepções das relações sociais nas comunidades em estudo foram geradas.

APRESENTAÇÕES DIGITAIS E MULTIMÍDIA

Ao longo desses últimos dez anos tem havido um entusiasmo crescente entre pesquisadores visuais com os sistemas de informática que permitem combinar imagens, sons e textos de maneiras que antes não eram possíveis com a mídia analógica tradicional. Uma vez digitalizadas, as imagens podem ser armazenadas, copiadas e transmitidas sem perda de qualidade.[7] Elas podem ser o produto final para uma variedade de mídias – telas de televisão, monitores de unidades de exposição visual, papel fotográfico, papel comum e assim por diante. Som, texto e imagens em movimento podem ser tratados praticamente da mesma maneira e, o que é mais importante, conectados e combinados uns aos outros. Então, no plano abstrato, os sistemas de informática parecem superar muitas das questões intelectuais e dos problemas práticos destacados no início deste capítulo. Cópias múltiplas de um filme podem ser feitas, por exemplo, algumas com comentários *voice-over*, outras sem, para diferentes públicos. Imagens e texto podem ser combinados de múltiplas maneiras para apresentar ou reter legendas. Roteiros de estudo e outros materiais associados podem ser armazenados juntos com um filme. As audiências podem criar seus próprios "caminhos" por uma série de imagens fixas para fazer ensaios fotográficos múltiplos.

Embora haja exceções importantes, muitas produções multimídia (na *web* ou em CD) são autopublicadas, financiadas por doações ou talvez com recursos do próprio pesquisador social. Há vantagens e desvantagens nisso. A principal vantagem é que dessa maneira pode-se "publicar" a quantidade de material que se quiser. Poucas editoras comerciais e mesmo não comerciais admitiriam mais do que cerca de uma dúzia de reproduções fotográficas em um livro, por exemplo, especialmente um livro escrito por um jovem erudito iniciante, enquanto um CD ou *site* da *web* poderia incluir milhares de fotos, se desejado. Além disso, o pesquisador tem total controle sobre o posicionamento das imagens, a relação desse posicionamento com o texto (se houver) e outros numerosos fatores de diagramação e concepção que os editores podem não entender ou achar muito caro para implementar. O aspecto negativo da autopublicação é primeiro que tais produções nunca ou quase nunca passam pela revisão profissional de pares ou por uma edição cuidadosa, e segundo que, em geral, a distribuição é extremamente limitada. Mesmo se publicado na *web* e, portanto, universalmente distribuído, um trabalho de pesquisa social visual ainda precisa de ser levado à atenção de outros colegas e pesquisadores, se objetiva causar algum impacto.

A publicação multimídia difere de modo significante da publicação convencional de impressão em papel, apesar de haver, como Sarah Pink observa, vários exemplos no campo da pesquisa social que basicamente poderiam ter sido impressos de maneira convencional (2001, p. 159). Fischer e Zeitlyn (s.d.) comparam esse uso de multimídia a um filme, algo que se desenrola sequencialmente diante do espectador, como uma apresentação de PowerPoint. Um uso um pouco mais ambicioso da publicação multimídia ainda mantém uma estrutura geral e uma sequência, mas os *hiperlinks* conduzem o usuário adiante, por assim dizer, a equivalentes notas de rodapé. Os antropólogos visuais vêm sendo atraídos cada vez mais para as possibilidades que esse modelo abre no sentido de acrescentar "notas de rodapé" visuais e textuais aos filmes etnográficos; o modelo é o de um texto principal com subtextos associados.

AMAZÔNIA EM MULTIMÍDIA

Um ótimo exemplo de um modelo de texto principal e textos subsidiários encontra-se em *Yanomamo Interactive*, de Biella, Chagnon e Seaman, uma reelaboração em multimídia de um filme etnográfico bem conhecido, muito usado em salas de aula (Biella et al., 1997). Em 1975 o cineasta Tim Asch e o antropólogo Napoleon Chagnon finalizaram um filme, *The Ax Fight*, sobre uma breve mas violenta disputa ocorrida em uma aldeia do povo Yanomami da Amazônia na Venezuela, onde eles estavam trabalhando. A briga aconteceu sem aviso prévio, pelo menos para os visitantes, e eles fizeram o melhor possível para se aprontar para filmá-la; o filme começa apenas com a trilha sonora, por exemplo, quando o técnico de som consegue levantar seu equipamento e correr na frente do operador de câmera.

Confrontados com uns 11 minutos de filme bruto, gravado sem preparação e quase nenhum controle de imagem, Asch e Chagnon editaram o filme finalizado em uma estrutura de três partes. Primeiro, vem a metragem original, que lança o espectador na experiência crua do evento com uma preparação tão exígua quanto a que os cineastas tiveram; então, vem uma seção analítica na qual um pouco da metragem original, fotogramas retirados dela e diagramas genealógicos são editados juntos com um comentário explicativo mostrando exatamente qual participante fez o que a quem e por quê; finalmente, a sequência original é mostrada mais uma vez, levemente editada para fluidez mas sem comentário, permitindo que o espectador insira o conhecimento comunicado na seção anterior para a sequência de eventos fazer mais sentido enquanto se desdobra. Uma lógica multimídia ou, certamente, multimodal está claramente em funcionamento aqui, mas limitada pelo desdobramento temporal linear do próprio filme.

Vinte anos mais tarde, Biella e alguns colegas foram capazes de destravar esse potencial no filme transferindo todo o material, e muitos textos associados, para um formato digital. O filme constitui o "texto principal" e pode ser totalmente visto no CD (ainda que em uma pequena janela). No entanto, ele foi segmentado em suas cenas constitutivas, cada uma das quais podendo ser vista separadamente, acompanhada por um texto relativo a elas. Por meio das "notas de rodapé" do texto principal foram acrescentados inúmeros textos – a trilha narrativa, vários ensaios, uma descrição escrita cena por cena – junto com numerosas fotografias fixas dos aldeões yanomami envolvidos e diagramas genealógicos mostrando como eles se relacionam. Em qualquer ponto do filme, o espectador pode escapar e explorar em profundidade vários assuntos. Dessa maneira, a integridade da pesquisa original é preservada, assim como a análise original (como codificadas no filme original e nos textos de Chagnon), mas a validade daquela análise agora pode ser colocada sob investigação, levantando a possibilidade de análises alternativas.

Fischer e Zeitlyn também identificam uma forma que eles chamam de modelo em camadas: um conjunto de objetos conectados uns aos outros de forma horizontal (metaforicamente falando) tal qual uma sequência de videoclipes ou trechos de texto, mas as camadas são também conectadas de modo vertical (mais uma vez, metaforicamente), de forma que uma imagem em uma camada pode estar conectada a um trecho de texto em outra, e daí a uma tabela ou a um gráfico de barra em outra, e assim por diante. Um exemplo de tal estrutura é esboçado por Coover (2004b) na descrição de um projeto de CD-ROM que ele criou. Em uma parte de um trabalho muito mais amplo sobre a colheita de uvas na Borgonha, uma sequência horizontal de fotografias – uma camada – corre sobre vários trechos de texto horizontalmente sequenciados (ver também Coover, 2004a). O trabalho foi concebido inicialmente como um auxílio para a estruturação de um documentário, mas pode se sustentar por mérito próprio como uma outra maneira de estruturar um relatório do processo de pesquisa, que nesse caso inclui uma camada de texto reflexivo sobre o próprio processo de filmagem, bem como camadas de texto sobre a colheita e o vinhateiro (Coover, 2004b, p. 187-188).

LESTE DA ÁFRICA EM MULTIMÍDIA

Uma abordagem bem mais complexa ao processo de camadas é visto em funcionamento em uma peça ainda em construção no momento da redação deste texto. No início da década de 1990, a antropóloga Wendy James atuou como consultora para um filme etnográfico de televisão sobre o povo Uduk do Sudão, com quem ela estava trabalhando havia muitos anos. Em um certo momento durante a pesquisa e a filmagem, aconteceu uma briga no campo de refugiados onde os uduk estavam alojados.[8] Embora o incidente e seus reflexos subsequentes tenham sido filmados pela equipe, a sequência não foi incluída na versão final do filme por várias razões. James, no entanto, achou que o material representava uma visão valiosa da construção e representação dos estados emocionais, nesse caso o medo, e escreveu um artigo apresentando e analisando o material (James, 1997). Porém, ela não estava convencida de que o artigo era capaz de fazer justiça aos seus dados (muitos dos quais eram visuais). Por isso, começou a colaborar com uma antropóloga e produtora de mídia, Judith Aston, para tentar combinar a compreensão analítica do artigo com o material filmado original, uma colaboração que formou a base de um estudo de caso para a pesquisa de doutorado de Aston sobre o uso de multimídia em antropologia (Aston, 2003). Trabalhando basicamente com materiais que já existiam – o artigo original e a metragem de filme, suplementados com metragem adicional de filme, fotografias fixas e gravações de som criadas por James em outras ocasiões – a tarefa que Aston se propôs era de manter a compreensão analítica e o argumento do texto escrito, usar integralmente a riqueza sensorial do filme e da trilha sonora e explorar o potencial da multimídia digital para obter efeito máximo.

No capítulo relevante de seu relatório (Aston, 2003, Cap. 7), Aston descreve quatro iterações do processo, que vão de uma simples divisão do artigo original em seções intercaladas com videoclipes relevantes (modelo do "filme" de desdobramento sequencial de Fischer e Zeitlyn), passando por duas versões que chegam perto do modelo "texto principal e notas de rodapé", até o último modelo, mas não necessariamente final, onde pode ser visto um efeito de camadas mais "vertical" do que "horizontal" para certos elementos. Por exemplo, James e Aston tinham bom material e metragem suficiente para três diferentes perspectivas sobre o incidente que James testemunhara: de uma pessoa uduk, de um representante das Nações Unidas e de um membro de outro grupo étnico no campo de refugiados. Os três clipes foram dispostos lado a lado na tela, permitindo ao usuário ir e voltar entre as perspectivas. Em um outro exemplo, ao tentar apresentar o argumento original de James de que o tempo tem um efeito distanciador sobre a lembrança de estados emocionais fortes, como o medo, Aston fornece mais uma vez três diferentes videoclipes lado a lado. Dessa vez, três indivíduos narram seus medos e experiências de medo: em um caso uma mulher conta sobre o irmão que recentemente tinha sido alvejado por tiros de soldados rebeldes, em outro uma mulher descreve o desaparecimento de sua filha há já algum tempo e, no terceiro, um homem lembra um surto de ansiedade e preocupação entre o povo uduk algum tempo atrás. Aston fornece uma barra de controle para os três videoclipes, permitindo que sejam vistos separadamente ou todos ao mesmo tempo, com a possibilidade de congelar qualquer um deles e fazer comparações quadro a quadro (Aston, 2003, p. 183-184).

Tais sequências em camadas verticais no projeto Uduk, inclusive outras que demonstram mudança e continuidade no tempo, são apresentadas em justaposição a camadas horizontais, criando um efeito de rede, mas no qual Aston está continuamente tentando equilibrar, como ela diz, "controle autoral com intervenção do usuário" (Aston, 2003, p. 189). Essa questão, de oferecer ao usuário a possibilidade de navegar livremente em torno de um conjunto de textos digitais – som, caracteres, imagem – e ainda assim permitir que o autor retenha algum tipo de argumento coerente ou processo de análise, está no centro de muita reflexão sobre o uso de multimídia para apresentar resultados de pesquisa social. A multimídia "em camadas", onde as camadas são "conectadas" por múltiplos links de hipermídia, tem grande potencial, permitindo ao usuário explorar suas próprias linhas de investigação no material de ponta a ponta. As apresentações lineares, como um filme ou um artigo, permitem por outro lado que o pesquisador apresente seu material para apoiar uma narrativa dominante ou uma linha única de argumento que o usuário-leitor-espectador deve seguir em sequência. A progressão cuidadosamente planejada rumo a uma conclusão seria comprometida se o usuário pudesse pular pelo material na ordem que bem entendesse.

Aston conclui que uma otimização do equilíbrio e daí uma solução para essa tensão ainda deve ser alcançada em muitos projetos (Aston, 2003, p. 198), embora ela sugira que, pelo menos na antropologia contemporânea, pontos de vista múltiplos e explanações alternativas podem ser propostos sem comprometer fundamentalmente a autoridade do pesquisador. Certamente, se ao planejar produções multimídia um autor oferecesse ao usuário uma abordagem do tipo "vale-tudo", estaria negando o próprio valor da pesquisa social. Seria também desonesto; se, como foi sugerido no início do Capítulo 3, nenhum pesquisador social entra no processo de pesquisa sem algum tipo tácito de abordagem teórica, o mesmo é verdadeiro para a apresentação dos resultados de pesquisa. Uma determinada abordagem analítica está inevitavelmente implícita. Boas produções multimídia devem ser capazes de admitir isto e, ao mesmo tempo, de apresentar tanto a evidência da qual ela é derivada quanto aquela que pode abrir caminho para interpretações alternativas.

MATERIALIDADE EM MULTIMÍDIA

Um outro aspecto que surge do estudo de Aston nos leva de forma bastante inesperada a uma questão levantada perto do final do Capítulo 3, sobre a materialidade das imagens. A maioria dos pesquisadores sociais tem uma noção de quanto tempo será necessário para ler um livro ou assistir um filme. Essas mídias lineares permitem uma avaliação relativamente rápida de como a peça é estruturada e onde estão o peso e a ênfase: pode-se dar uma olhada no livro, consultar o índice e o setor de conteúdos (ambos são formas de navegação hipermídia) e calcular por alto quanto tempo (na forma de palavras) é dedicado a cada subtópico. Mesmo com um filme, pode-se ficar de olho no relógio para se ter uma idéia de quando vai terminar e, portanto, quanto tempo sobrará para ligar os fios da narrativa.

No entanto, esse tipo de informação instantânea raramente está disponível para usuários de multimídia: um disco de CD-ROM, ou pior, a página inicial de um *site* de web, pode ser extremamente pouco informativo sobre o que está lá dentro. Aston propõe algumas soluções para esse problema, como, por exemplo, indicar quantas páginas de texto (ou minutos de vídeo) são programados por um botão de navegação (2003, p. 173). Da mesma forma, mapas de *site* e menus ou tabelas de conteúdo detalhados também podem dar ao leitor uma idéia de escopo e peso, mas isso pode retirar um pouco da instantaneidade que torna a multimídia tão atraente para seus criadores e usuários. Finalmente, enquanto um usuário não navegar por todo o projeto de multimídia, ele não poderá ter uma ideia exata de quão interativo ele acabou sendo – quais os links que foram e que não foram permitidos entre as várias camadas. Esse último aspecto depende em parte da abordagem adotada para codificação pelo autor de origem.

✓ ORGANIZAÇÃO DE IMAGENS E OUTROS DADOS

Antes de juntar em uma apresentação multimídia os textos, imagens, arquivos de som e outros itens de informação coletados ao longo de sua pesquisa, os pesquisadores sociais precisam organizá-los. É claro que isso é verdade mesmo se o modo de apresentação de resultados planejado não for digital ou multimídia, mas é especialmente necessário quando for esse o caso. Materiais escritos – anotações de campo, transcrições de entrevista, textos produzidos por sujeitos de pesquisa –, uma vez digitalizados por nova edição ou escaneamento e reconhecimento ótico de caracteres, podem ser codificados e organizados de várias maneiras. No nível mais básico, tais textos podem ser armazenados como simples arquivos de texto e procurados pela "busca" tradicional.

Os procedimentos mais sofisticados e potentes envolvem a marcação de itens léxicos com indicações de códigos únicos ou a distribuição de partes de um texto pelos campos de um banco de dados. Assim, as idiossincrasias e variações de vocabulário podem ser superadas – uma referência a "campos de arroz" em uma parte das notas de pesquisa de campo de uma pesquisadora deve receber o mesmo código de uma referência a "plantações de arroz" em outra parte das notas, por exemplo. A codificação e a repartição de um texto em campos de bancos de dados devem ser feitas à mão, evidentemente, e um computador não pode compreender o significado daquilo que foi feito. No entanto, uma vez feito isso e dependendo do programa de *software* usado, o computador pode realizar buscas sofisticadas, por exemplo, "encontrar todas as ocorrências do [código para] "campo-ou-plantação-de--arroz" dentro de cinquenta palavras dos [códigos para] "trabalho comunitário" e "mulheres", mas ignorar qualquer item de texto datado depois de [código para] "janeiro de 2001". Embora o computador e o *software* não compreendam nada do significado de qualquer um desses termos, juntos eles reconhecem padrões denotando linhas ou itens léxicos.[9] Porém, isso não acontece com as imagens.

Os computadores não podem "ver" exceto em casos muito excepcionais onde é possível comparar padrões como, por exemplo, em sistemas de reconhecimento automático de impressão digital ou textura da íris. A vasta maioria das imagens fixas usadas ou criadas por pesquisadores sociais não se enquadram em parâmetros visuais tão estritos. Por isso, embora a digitalização de imagem crie um arquivo de código aparentemente similar ao de um arquivo de texto, a dificuldade de isolar seções desse código que correspondam a elementos das imagens é grande e, mesmo nesse caso, o *software* não tem como compreender que todos os elementos assim identificados (p. ex., como "mulheres") são a "mesma" coisa, para poder identificar automaticamente novas ocorrências.

Em outras palavras, embora existam *softwares* que podem "ler" textos impressos ou até escritos à mão, identificando letras do alfabeto, pontuação e espaços, não existe nenhum *software* confiável que possa "ler" as imagens e identificar casas, pessoas, potes, panelas ou seja o que for. Os bancos de dados de imagem dependem, portanto, de metadados, alimentados pelo pesquisador ou usuário, que basicamente mimetizam legendas fotográficas. O criador pode optar por um certo número de categorias relativamente descomplicadas, como lugar, data e nomes de indivíduos presentes, mas ainda terá de tomar decisões interpretativas sobre outras questões: trata-se de uma fotografia de um grupo de mulheres e crianças, por exemplo, ou de uma fotografia de crianças sendo cuidadas (uma categoria abstrata)?

Os problemas aumentam exponencialmente quando se trata de imagens em movimento. Tais problemas de interpretação e abstração aplicam-se também ao texto; as expressões "campo de arroz", "mulheres", "trabalho comunitário" e "janeiro de 2001" são todas facilmente identificáveis, mas o conceito que as conecta – por exemplo, "a composição de gênero das equipes de trabalho comunitário nos campos de arroz antes das mudanças ocasionadas pela reforma da estrutura dos preços em 2001" – é uma adição analítica do usuário do banco de dados. Há inúmeros esquemas de codificação para análise de texto, nos quais os metadados mais abstratos e interpretativos são organizados em algum tipo de sequência lógica (por exemplo, "educação formal" como uma subcategoria de "socialização"). Embora estes possam ser aplicados ao contexto de uma imagem, fixa ou em movimento, ainda não conseguem realmente lidar com a dimensão visual. O uso dos sistemas classificatórios de museus, nos quais os objetos podem ser tipologizados tanto por função como por forma, é meio caminho andado em direção a um sistema aproveitável, mas não mais que isso.

Para voltar ao problema da apresentação de pesquisa visual, se o resultado proposto for um texto fixo e estável, no sentido de não se desejar que o usuário acrescente ou subtraia nada dele, mas que siga uma linha clara de argumento (modelo de "filme" multimídia de Fischer e Zeitlyn), a codificação de imagens visuais dentro dele provavelmente só será motivo de preocupação para o criador durante a seleção de imagens e trechos de texto que a compõem. Se o intuito for, no entanto, que o usuário trabalhe com os materiais de forma mais analítica, é preciso pensar cuidadosamente sobre a codificação e o uso de metadados.

A reelaboração em multimídia por Biella e colaboradores do filme Yanomamo de 1975, de Asch e Chagnon, já discutida acima, dá um bom exemplo disso (Biella et al., 1997). Embora ela se conforme ao modelo de "livro" no sentido de ter um texto principal (o filme), os materiais adicionais são muito mais do que notas de rodapé, pois há extensos *hiperlinks* entre todas as camadas de material. Em parte, isso é obtido pela criação de *hiperlinks* entre imagens (fotografias e quadros de filme) e texto, bem como mais convencionalmente entre itens léxicos. Por exemplo, clicar no nome de um indivíduo em um trecho de texto pode chamar outros textos referindo o nome em outros quadros da janela de interface, mas pode também abrir fotografias do indivíduo, um diagrama genealógico com o indivíduo referido no centro ou, o que é mais impressionante, sequências sucessivas do filme onde o indivíduo é identificado no meio de uma frequente confusão de pessoas com uma cruz vermelha. Para obter esse resultado, Biella e seus associados tiveram que acrescentar metadados, inclusive coordenadas x e y (para indicar a localização da cruz vermelha), a dezenas ou centenas de fotogramas digitais.

A ênfase de *Yanomamo Interactive* é dada principalmente aos indivíduos envolvidos e aos seus parentes, o que é coerente com o argumento do filme original. Os itens de cultura material não são codificados da mesma maneira como a descrita acima; não se pode acompanhar uma linha de texto e imagens relacionadas à palavra ou ao item "machado", por exemplo, e muito menos para abstrações como "briga". No entanto, a conexão entre as camadas permite uma exploração completa do argumento original do filme (uma tese neo-darwiniana propondo uma ligação entre grau de parentesco e nível e tipos de aliança em contextos agressivos), bem como a exploração de linhas de investigação adicionais. Em um dos ensaios que compõem a coleção, Biella sugere que uma narrativa alternativa a respeito do papel das mulheres na sociedade yanomami e a parte que elas podem desempenhar na solução de disputas pode ser descoberta com o uso ponderado dos *hiperlinks*, apesar do fato de as mulheres e suas atividades quase não serem mencionadas na narração original do filme ou focalizadas pela câmera.

É claro que codificar dessa forma requer um imenso grau de esforço e um conhecimento absoluto dos materiais de pesquisa, para não mencionar o tempo consumido com decisões e implementação de planejamento, como foi documentado por Aston (2003). A extraordiária dedicação demonstrada por alguns pesquisadores sociais produzindo versões multimídia de seus resultados de pesquisa significa que os projetos devem ser pensados por inteiro, com extremo cuidado, tanto em termos intelectuais quanto práticos (Pink faz várias sugestões úteis: 2001, p. 168-175; 2006). Considerando que qualquer pessoa com um pouco ou nenhuma experiência ou habilidade de pesquisa pode rápida e facilmente fazer uma filmagem em vídeo, escrever alguns parágrafos de texto descritivo e jogar tudo aquilo em um *site* da web em questão de horas, é ainda mais importante que a avaliação profissional das apresentações visuais e multimídia de resultados de pesquisa se torne uma questão de rotina, como foi discutido no início deste capítulo.

☑ PONTOS-CHAVE

- A relação entre imagem e texto é complexa; as imagens podem muito bem "falar por si mesmas", mas os pesquisadores devem ter certeza de que falam em uma linguagem que o público-alvo compreende. Antes de apresentar seus próprios resultados de pesquisa visual, os

pesquisadores devem dedicar algum tempo ao exame da resposta do público a projetos semelhantes e tentar avaliar o que é necessário para uma recepção bem-sucedida.
- Os sujeitos de pesquisa em geral ficam muito contentes quando veem materiais visuais relacionados a eles, seja durante ou depois do processo de pesquisa, mas os pesquisadores devem estar atentos para questões de privacidade ao mostrar imagens de alguns sujeitos a outras pessoas.
- Construir apresentações multimídia de pesquisa, como *sites* de *web* ou CD-ROMs, pode exigir um tempo considerável, especialmente quando o público-alvo está acostumado com padrões comerciais profissionais e extremamente vistosos. Os pesquisadores que publicam independentemente seu próprio material devem ter o maior número possível de revisores e "testar" qualquer uma dessas produções antes de lançá-las.

LEITURAS COMPLEMENTARES

Não há muita produção escrita sobre apresentação de resultados de pesquisa visual de forma convencional, como artigos de revista, e provavelmente a melhor maneira de aprender é estudando exemplos nas principais revistas especializadas (ver a seção "Leituras complementares" no final do Capítulo 1). Harper, no entanto, discute vários modos narrativos pelos quais as imagens podem ser apresentadas em forma de ensaio fotográfico. Barbash e Taylor apresentam o manual mais detalhado e completo de produção de filme e vídeo em ciências sociais. Pink dedica um capítulo à apresentação multimídia, enquanto o trabalho de Brown e Peers representa um excelente exemplo de trabalho colaborativo de pesquisa baseado em repatriação de foto; os autores também dedicam um espaço considerável à sua metodologia de pesquisa. Gibbs dá uma introdução ao uso de computadores na análise de dados qualitativos em geral.

Barbash, I. and Taylor, L. (1997) *Cross-Cultural Filmmaking: A Handbook for Making Documentary and Ethnographic Films and Videos*. Berkeley: University of California Press.

Brown, A., Peers, L. e membros da Nação Kainai (2005) *'Pictures Bring Us Messages'/Sinaakssiiksi aohtsimaahpihkookiyaawa: Photographs and Histories from the Kainai Nation*. Toronto: University of Toronto Press.

Gibbs, G. (2007) *Analyzing Qualitative Data* (Book 6 of *The SAGE Qualitative Research Kit*). London: Sage. Publicado pela Artmed Editora sob o título de *Análise de dados qualitativos*.

Harper, D. (1987a) 'The visual ethnographic narrative', *Visual Anthropology*, 1: 1-20.

Pink, S. (2006) *The Future of Visual Anthropology: Engaging the Senses*. London: Routledge.

6
CONCLUSÃO: IMAGENS E PESQUISA SOCIAL

Objetivos do capítulo

Após a leitura deste capítulo, você deverá:

- ter feito uma breve recapitulação dos temas do livro;
- ser capaz de considerar as metodologias visuais em termos de originalidade e vigor;
- ver que o valor das metodologias visuais reside na sua capacidade de abrir linhas de investigação novas e não consideradas anteriormente.

QUADRO 6.1 MÉTODOS VISUAIS COMO ESTRATÉGIAS EXPLORATÓRIAS

Quando estava terminando de escrever este livro tive uma conversa com uma colega que faz pesquisa social em um campo mais aplicado que o meu. Assim que eu revelei o assunto sobre o qual eu estava escrevendo ela achou curioso que pudesse haver material suficiente para fazer um livro: dentro da disciplina dela, as metodologias visuais se limitam basicamente às gravações de entrevista em vídeo. Gravar eventos com a finalidade de aprofundar a análise – gravações que serão então convertidas em "dados" – é sem dúvida um uso perfeitamente aceitável de um método visual, que exige certa precaução na execução (ver Heath e Hindmarsh, 2002, p. 107-109). O assunto é tratado rapidamente neste livro, por exemplo, no Capítulo 2, onde discuto como tal uso da gravação em vídeo aumentou o alcance da análise de conversação.

Continuando nossa conversa, fiz uma breve descrição das técnicas de foto-elicitação para minha colega, mencionando seu valor em situações onde há grande disparidade social ou cultural entre o pesquisador e o sujeito de pesquisa e onde seu uso pode suplantar disparidades ou mal-entendidos em comunicação. Minha colega sugeriu o trabalho com crianças como um exemplo potencial de sua própria área e discutimos outras categorias sociais nas quais as dificuldades em comunicação linguística podem ser superadas por intermédio do uso de imagens. Mais uma vez, porém, isso não pareceu ser especialmente uma novidade metodológica, mas apenas uma solução técnica para um problema técnico.

Então eu continuei descrevendo exemplos nos quais as imagens levantavam questões não consideradas anteriormente por pesquisadores sociais (por exemplo, o trabalho de van der Does e colaboradores descrito no Capítulo 4) ou nos quais a falta de discussão de uma imagem por parte dos sujeitos de pesquisa podia ser por si só tão reveladora quanto sua predisposição para discutir outras (Collier e Collier descrevem tal ocorrência, relacionada à raiva e mágoa dos navajos com a política do governo dos EUA para o gerenciamento de manadas de cavalos: 1986, p. 112-113).

Agora nós entrávamos em terreno desconhecido; embora haja muitos exemplos retirados do trabalho de outros pesquisadores sociais do valor do emprego de metodologias visuais, todas elas são passíveis de análise posterior e seus resultados – por definição – não podem ser previstos. São os "conhecidos desconhecidos" (para citar Donald Rumsfeld)[1], e embora possam ser quantificados e submetidos a análise depois de descobertos, o problema dos "conhecidos desconhecidos" permanece, isto é, as coisas que o pesquisador social nem conhecia estavam lá para serem estudadas.

A conversa com minha colega continuou e eu falei sobre os usos de filme ou vídeo para representar e apresentar aos outros os aspectos da experiência social humana que a linguagem não pode abarcar totalmente: a experiência que uma dançarina tem de seu próprio corpo, por exemplo, e a maneira como ela compreende as experiências corporificadas de outras dançarinas. Terminamos nossa conversa falando sobre comunidade e projetos participativos, como aqueles exemplos descritos no Capítulo 4 em que os objetivos intelectuais do pesquisador e os objetivos sociais e pessoais dos sujeitos de pesquisa coincidem.

(Continua)

(Continuação)

Penso que os pressupostos iniciais dos pesquisadores sociais que encontram as metodologias visuais pela primeira vez estão provavelmente enraizados em ideias de originalidade e vigor. Embora os primeiros métodos que minha colega e eu discutimos – gravação de dados em vídeo e uso de imagens para diminuir dificuldades linguísticas em contextos de entrevista – pudessem ser considerados originais e também vigorosos, para muitos pesquisadores sociais eles pareceriam ser degraus menores no caminho da pesquisa. Os últimos métodos discutidos podem ser novos, mas serão originais, no sentido de produzir conhecimento sociológico não revelado por qualquer outra metodologia de pesquisa? E serão vigorosos, no sentido de confirmar ou desmentir hipóteses satisfatoriamente em múltiplos contextos? Essas questões são tratadas nas próximas seções.

O QUE NÓS APRENDEMOS?

Nos cinco capítulos precedentes eu (1) delineei o que pode ser entendido por métodos visuais em pesquisa social; (2) descrevi um pouco da história desses métodos nas duas principais disciplinas que os empregam (antropologia e sociologia); (3) discuti as várias posições analíticas formuladas a respeito do estudo e uso de imagens; (4) enumerei uma série de métodos baseados nessas posições que foram usados em contextos de pesquisa de campo; e (5) considerei os públicos que podem ler ou ver os produtos de pesquisa visual e descrevi vários modos de apresentação de pesquisa.

Ao longo dos capítulos procurei mostrar que o desenvolvimento das estratégias analíticas interpretativas, inclusive abordagens reflexivas e cola-

FIGURA 6.1 O "Vaso de Rubin", uma ilusão de ótica geralmente atribuída ao psicólogo dinamarquês Edgar Rubin, demonstrando a diferenciação figura/fundo (ver Capítulo 1).

borativas, no período pós-Segunda Guerra Mundial e especialmente a partir da década de 1980, levou a um renovado interesse pelas metodologias de pesquisa visual. As crenças iniciais e talvez ingênuas de que imagens codificavam automaticamente verdades comprobatórias sobre relações sociais foram rapidamente abandonadas e substituídas por abordagens mais abstratas e quantitativas. Nas últimas décadas, no entanto, ficou claro que tais abstrações ocultam tanto quanto revelam. Além disso, elas raramente são compreensíveis para os próprios sujeitos de pesquisa social; os métodos de pesquisa social, portanto, ressurgiram nesse período. Tentei também destacar que isoladamente as metodologias de pesquisa visual são de pouca utilidade, e de fato é difícil ver/entender exatamente como alguém conduziria e apresentaria pesquisa social de modo puramente visual, ou pelo menos como ela se diferenciaria do comentário social do fotojornalismo. Entrevistas, grupos focais, enquetes, análise de conversação constituem em conjunto que tem lugar importante e muitas vezes necessário na geração de dados qualitativos para a percepção sociológica, sem falar do amplo projeto de averiguação etnográfica que serve de enquadramento para a maior parte ou toda a investigação baseada em pesquisa de campo. Com muita frequência, a soma de métodos visuais pode trazer uma dimensão adicional, especialmente nas esferas onde o conhecimento buscado fica além do alcance da linguagem. A questão é: as metodologias visuais podem produzir qualquer novo conhecimento além daquele que pode ser descoberto por outras práticas metodológicas? E se a resposta for afirmativa, quão vigorosas são essas metodologias?

ORIGINALIDADE

Consideremos um exemplo em que uma descoberta de pesquisa é apresentada como o único resultado da prática de uma metodologia visual. Em meados da década de 1970, o antropólogo Paul Stoller começou a conduzir uma pesquisa entre o povo songai do Níger, oeste da África, para avaliar o uso de formas simbólicas na política songai local (Stoller, 1989). Desde o início ele percebeu que alguns símbolos eram diretamente visuais, e apropriados para o método visual mais banal de todos: simplesmente olhar (por exemplo, os nobres – estrato superior da divisão tripartite da sociedade em nobres, ex-escravos e estrangeiros – se vestem de branco, significando que não cultivam a terra, mas pagam a outros para fazê-lo; eles também carregam bengalas, um símbolo da autoridade dos chefes: 1989, p. 57). Stoler, no entanto, reivindica uma percepção mais substancial como resultado do seu desejo de "ver" da mesma maneira que os songai.

No decorrer de um exercício de mapeamento de residências e propriedades agrícolas na geografia da cidadezinha de Mehanna, Stoller notou uma correspondência de espaço topográfico e hierarquia social. Os campos dos nobres eram agrupados ao longo da chamada estrada "Nobre", enquanto os de seus clientes ex-escravos eram adjacentes a eles. Os campos dos negociantes mais recém-chegados eram mais afastados. Similarmente, as unidades residenciais dos nobres ficavam reunidas em torno da grande mesquita Sexta-feira no coração da cidade (o espaço mais sagrado na sociedade songai) e as dos seus clientes ex-escravos ficavam mais uma vez adjacentes a elas, enquanto as dos estrangeiros e negociantes eram as mais distantes desse centro sagrado. Novamente, o método utilizado, embora certamente visual, não é especialmente original (suspeito que seria possível extrair a mesma informação simplesmente conversando) e é apenas um pouco menos banal do que observar a proclamação simbólica feita pela cor da roupa dos nobres.

Todavia, Stoller continuava sem entender algumas exceções em seu exercício de mapeamento, que de resto era metódico e estático: dois comerciantes tinham comprado terras diretamente adjacentes às propriedades dos nobres, um ex-escravo tinha mudado sua unidade residencial da área "tradicional" para a área residencial dos comerciantes, e o comerciante mais rico da cidade tinha mudado sua unidade residencial para a periferia da cidade, onde normalmente habitavam os estrangeiros mais pobres. Stoller poderia simplesmente ter descartado essas exceções da maneira como os analistas quantitativos costumam fazer – como pontos discrepantes, ou ruído no sistema, itens de dados sem qualquer significação estatística. Em vez disso, ele as vê como atos deliberados; os comerciantes e os escravos não tinham mudado de residência ou adquirido terra acidentalmente, tampouco suas mudanças foram puramente idiossincráticas. Stoller "via" significação sociológica nelas.

O autor afirma que a introdução do dinheiro na sociedade songai no período colonial provocou um deslocamento gradual e efetivo do poder político dos nobres para os comerciantes. Os comerciantes, muitos dos quais são também estrangeiros, estão – Stoller alega – conscientes disso e conscientes do valor simbólico de suas ações. Por isso, alguns estão afirmando essa nova ordem político-econômica pela colonização dos locais topográficos poderosos da velha ordem, enquanto outros estão simplesmente rejeitando esta velha ordem e reconfigurando inteiramente o espaço, por exemplo, pelo estabelecimento de uma residência na periferia da cidade. Segundo Stoller, os comerciantes e ex-escravos podem "ver" (literal e metaforicamente) a mudança da ordem política ou a estão ativamente constituindo topográfica e, portanto, visualmente, enquanto os nobres estão "cegos" pela tradição e não podem "ver" o que está acontecendo.

Partindo da fenomenologia de Schutz e Merleau-Ponty, Stoller afirma que foi aprendendo a "ver" da maneira como vários setores da sociedade songai "veem" que ele foi capaz de chegar a essa conclusão. Disso eu não tenho dúvida; a jornada intelectual de cada pesquisador social e, portanto, os métodos que ele emprega ao longo do caminho são apenas seus, e não tenho nenhuma razão para duvidar da veracidade da história de Stoller. Porém, seu relato não é explicitamente metodológico, e não há uma maneira certa de saber se ele poderia ter tido sua percepção por outros meios, tais como entrevistas e análise de escrituras de propriedade de terra. A questão, no entanto, é que para esse pesquisador, nesse projeto, um conjunto de métodos visuais (olhar, mapear, aprender a "ver") levou a uma descoberta específica. Questões de originalidade talvez só possam ser resolvidas em situações estritamente controladas, como as de laboratório, ou nem mesmo assim. Imagine, por exemplo, dois pesquisadores, cada um enviado para entrevistar um grupo de sujeitos de pesquisa e obter evidências para testar uma hipótese; sem saber das atividades um do outro, um deles recebe um conjunto de imagens e instruções básicas de foto-elicitação, enquanto o outro nada recebe. Mesmo que seus resultados fossem drasticamente diferentes, há uma série de outras variáveis que podem explicar os diferentes resultados, como a formação sociológica geral dos pesquisadores e sua postura analítica implícita ou tácita.

A originalidade em metodologia de pesquisa visual pode ser difícil de provar categoricamente, mas vale a pena considerar o outro lado da moeda: como seria a pesquisa social sem métodos visuais? A história do uso de métodos visuais descrita no Capítulo 2, as afirmações de disseminação de metáforas visuais e ocularcentrismo na sociedade contemporânea e as estratégias analíticas esquematizadas para explicá-los descritas no Capítulo 3, além dos vários métodos de pesquisa de campo esboçados no Capítulo 4, parecem apontar para a conclusão de que os métodos visuais são tão inevitáveis quanto necessários. Embora haja, sem dúvida, muitas formas de investigação em pesquisa social, qualitativas e quantitativas, que não exigem tais métodos, há também formas de investigação que claramente os exigem. Em vez de estimar a necessidade, e daí a originalidade, de métodos visuais a partir das abstrações da sociologia, prefiro ver essa necessidade e daí originalidade como um fruto do estudo empírico da própria sociedade.

VIGOR

Se a originalidade dos métodos visuais é um conceito escorregadio, pelo menos quando visto da perspectiva de abordagens analíticas mais formalistas ou positivistas, seu vigor é provavelmente ainda mais difícil de demonstrar de forma satisfatória. Um procedimento estatístico, quando aplicado a um conjunto de números, sempre produzirá um resultado; ele é um recipiente dentro do qual os dados são colocados e que por sua vez produz um resultado, um novo conjunto de dados. As metodologias qualitativas não funcionam dessa forma, não porque os métodos sejam inerentemente defeituosos, mas porque os dados aos quais eles são aplicados não podem entrar sistematicamente em plena concordância. As porções ou unidades de dados qualitativos – transcrições de entrevista, observações, fotografias – muitas vezes compartilham uma conformidade categórica porque o pesquisador os atribui a categorias, não devido a uma ontologia compartilhada.[2] Embora um pesquisador possa encontrar certamente em todas as sociedades alguma forma de organização e comportamento social que possa rotular com satisfação como de "casamento" ou "educação", é improvável que membros de todas essas sociedades reconheçam todos os outros exemplos pelo mesmo rótulo. Alguns antropólogos propuseram que mesmo as categorias inquestionáveis, como "mulher", têm pouca ou nenhuma validade analítica (p. ex., Moore, 1988). Somado a isso há o problema de significado, o próprio problema que muitas das estratégias analíticas formalistas discutidas no Capítulo 3 evitaram. Uma forma social como "casamento" significará coisas muito diferentes para as pessoas, não apenas entre diferentes sociedades como mesmo dentro de uma única sociedade ou um setor social.

Alguns dos métodos de Stoller descritos acima provavelmente satisfariam um critério de vigor; com certeza existem procedimentos para o mapeamento exato de um espaço topográfico, que alguém poderia combinar com algum procedimento comum para atribuir *status* social a cada chefe de família na cidade (por renda, por exemplo, ou por nível de capital social). A primeira parte da análise de Stoller poderia então ser conduzida, e o processo repetido em outras cidades e aldeias do Níger e além dele, a fim de testar algum tipo de hipótese de proximidade social. Infelizmente, Stoller tenta ir mais longe, primeiro permanecendo fiel a uma noção indígena de estratificação social (nobre, ex-escravo e estrangeiro), que, portanto, é difícil de aplicar a outras sociedades que não tenham um sistema semelhante, e segundo presumindo que os sujeitos de pesquisa que produzem os dados estão conscientes do que estão fazendo e tomam decisões e fazem escolhas sobre suas ações, enquanto simultaneamente são submetidos a restrições mais amplas. Por meio de suas ações, os sujeitos geram significado.

Como seres humanos nós agimos inconscientemente durante boa parte do tempo, sem a menor dúvida, e de uma maneira reveladora das forças sociais mais amplas; isso é um fundamento sociológico e está por trás dos estudos de moda feminina e barbas de homens discutidos no Capítulo 3, por exemplo. Ainda assim, ao mesmo tempo temos agência, precisamos fazer escolhas e procuramos agir para influenciar os outros. Podemos fazer isso a maior parte do tempo de formas sociologicamente previsíveis – mas não sempre, ou não haveria nenhuma evidência de mudança na sociedade. E nossas ações, pelo menos as ações que afetam os demais, são sempre reminiscentes de significados; mesmo não sendo nossa intenção que elas sejam assim, elas podem ser interpretadas como tal pelos outros. Pode-se executar reiteradamente uma série de exercícios de foto-elicitação com diferentes grupos de pessoas e ainda assim os resultados nunca são bem os mesmos, porque os significados que as pessoas derivam das imagens – na verdade, do próprio exercício de pesquisa – são muito variados (Collier e Collier oferecem numerosos exemplos de sua própria experiência: 1986, Cap. 8-10). Não significa que o método seja necessariamente defeituoso, mas cada ocorrência de interação social humana é sempre única. Essa singularidade é uma qualidade compartilhada com as próprias imagens: todos os episódios de *EastEnders* são iguais por serem exemplos do gênero telenovela, todas as fotografias de cães são fotografias de cães. Contudo, todas são únicas ao mesmo tempo, resistindo obstinadamente em sua criação, representação e consumo à homogeneização exigida por potentes metodologias de pesquisa.

O vigor só pode ser uma qualidade das metodologias de pesquisa quando a desordem do dia a dia é arrumada, e decide-se quais peças são significativas e quais podem ser ignoradas, sendo que as selecionadas são organizadas em itens de dados, cada qual semelhante ao outro. Em um sentido muito profundo, o verdadeiro negócio de viver, de conduzir relações sociais, precisa se conformar à metodologia, e não vice-versa (para um exemplo empírico ver Woolgar, 1991). As metodologias de pesquisa visual, especialmente aquelas empregadas em situações de campo, vão contra isso; seja pedindo às pessoas para falar sobre imagens em vez de marcar quadrinhos em um questionário, seja montando um filme etnográfico em vez de escrever um relatório de pesquisa, os métodos visuais particularizam incessantemente, enfatizam o único, vão além da padronização de estatísticas e linguagem.

CONSIDERAÇÕES SOBRE O VALOR DOS MÉTODOS VISUAIS

Minha abordagem acima não pretendia buscar meios de defender as metodologias de pesquisa visual por seus resultados originais ou pelo vigor de sua operação, a fim de alojá-las com segurança no panteão das abordagens metodológicas aprovadas em pesquisa social. Alguns métodos, especialmente os mais formalistas descritos no Capítulo 3, podem de fato ser defensíveis dessa forma. No entanto, aquelas abordagens dependem de uma pré-extração ou desincorporação de itens de dados do seu contexto de produção empírico original no decorrer de relações sociais humanas, exatamente como os métodos quantitativos dependem de um processo de filtragem e padronização para criar dados supostamente "crus" com os quais eles operam. É claro que é essa a tarefa da sociologia e de outras disciplinas de pesquisa social: olhar além da textura individual da casca das árvores para ver a organização da floresta como um todo. Porém, ao mesmo tempo existe um risco de que categorias abstratas como "economia", "política", "exclusão social" e coisas do gênero adquiram vida própria; formuladas inicialmente como abstrações sociológicas derivadas de investigação empírica, elas se tornam então, por direito próprio, objetos de pesquisa reificados. Enquanto isso, as pessoas comuns na sociedade seguem suas vidas indiferentes a essas abstrações, tentando decidir se plantam colheitas para o mercado a fim de pagar impostos e taxas escolares ou plantações de subsistência para alimentar suas famílias, discutindo com seus vizinhos, queixando-se dos anciãos da aldeia e dos políticos corruptos.

As duas abordagens não são irreconciliáveis. Uma preocupação humanista com as especificidades e a tessitura da vida-como-ela-é pode ser encontrada no jornalismo investigativo, nas atividades dos ativistas do desenvolvimento comunitário e em um grande número de outras áreas. A pesquisa social depende crucialmente de percepções mais amplas derivadas da teoria social, certamente de abstrações. O aporte das metodologias de pesquisa visual para tudo isso é uma mistura aparentemente paradoxal do singular e do múltiplo. Singular, porque cada imagem, quando posta diante da abstração, exige que o geral se revele no específico. Qual é a base de "classe" como categoria analítica se ela não pode ser vista em qualquer imagem? Chegando à beira de algo mais concreto, por quais critérios a categoria de "casamento" pode ser imputada à imagem de um homem ao lado de uma mulher? Não estou sugerindo que "classe" ou "casamento" sejam sociologicamente abstrações sem significado simplesmente porque não existem imagens deles, ou porque uma imagem que algumas pessoas reconheceriam como sendo "de" um casamento não seria reconhecida por todos que a vissem. O que estou sugerindo é que a particularidade das imagens – imagens fotomecânicas na maioria das vezes, mas todas as imagens em virtude de sua materialidade singular – pode e deve estimular o pesquisador a (re)considerar as categorias analíticas presumidas.

Paradoxalmente, as imagens permitem formas múltiplas de análise exatamente porque podem passar por múltiplas leituras, dependendo do contexto pessoal e social do espectador. Por isso, o valor das metodologias visuais está em promover exploração, serendipidade e colaboração social em pesquisa social. Em todo este livro, mas especialmente no Capítulo 4, descrevi uma série de casos nos quais uma metodologia visual foi descoberta ou encontrada por acaso por um pesquisador social ou nos quais a pesquisa de base visual mostrou rumos de investigação não previamente considerados pelo pesquisador, ou quando o pesquisador como membro da sociedade procurou alinhar os objetivos de sua pesquisa às preocupações sociais daqueles que normalmente tornaram-se mudos e passivos como "sujeitos de pesquisa".

Os praticantes de métodos visuais, quando estes são empregados com habilidade e conhecimento, estão bem conscientes de que as limitações potenciais do método podem facilmente se transformar em um ponto forte. Em última análise, a originalidade e o vigor dos métodos visuais, e consequentemente o que podemos aprender com eles, não é o caráter exclusivo de suas percepções nem sua verificabilidade em contextos múltiplos, mas o fato de que são constantemente adaptáveis e estão levando a pesquisa de forma contínua em novas direções, de uma maneira que combina com a fluidez e o fluxo da própria experiência humana.

☑ PONTOS-CHAVE

- Os métodos de pesquisa visual podem ser originais e vigorosos, mas sua força maior está em descobrir as dimensões previamente desconhecidas e não consideradas da vida social; os pesquisadores que os empregam devem estar preparados para o inesperado.
- O objetivo deste livro foi incentivar pesquisadores a desbravar um território que é, eu espero, novo e excitante, onde podem aprender tanto sobre si mesmos quanto aprendem sobre os sujeitos de pesquisa.

NOTAS

CAPÍTULO 1

1. Uma nota sobre termos e limitações: embora eu seja um antropólogo social por formação, fiz o possível para tornar a discussão neste capítulo e em capítulos posteriores relevante para pesquisadores de um amplo espectro das disciplinas em ciências sociais. Assim sendo, adotei os termos um tanto insípidos "pesquisa social" e "pesquisador social", embora eu reconheça que não existe algo como um pesquisador social genérico. O leitor terá, portanto, que se perguntar como o que estou discutindo pode se tornar tão relevante para um estudo psicológico ou de ciência política, e assim por diante. Também uso o termo "sociológico" como um termo de abrangência total para me referir ao conhecimento adquirido por meio de qualquer tipo de pesquisa social. Da mesma forma, embora neste capítulo e nos subsequentes eu fale de "figuras" e "imagens", geralmente estou pensando em fotografias e, até certo ponto, em filme ou vídeo. Mais uma vez, a mídia específica usada para criação e disseminação de imagem é importante, e o pesquisador deve também estar se perguntando se o que eu digo sobre fotografia, por exemplo, se aplica também a pintura, desenho de areia ou seja o que for. Finalmente, adotei o termo reconhecidamente despersonalizado "sujeitos de pesquisa" para me referir aos homens e mulheres (e crianças) dos quais os pesquisadores sociais em trabalho de campo coletam informação. Disciplinas específicas podem usar habitualmente termos generalizadores como "informantes" ou "respondentes", e autores específicos podem evitar todos esses termos e, em vez disso, especificar por meio de descrição ("um vizinho") ou pseudônimo ("Jane"). Meu uso de "sujeitos de pesquisa" tem a intenção de cobrir todos eles sem nenhum preconceito.
2. Depois da declaração da "guerra" ao terror de George W. Bush e da consequente intensificação da segurança nos aeroportos dos Estados Unidos e outros lugares, a pesquisa de sistemas de identificação biométrica vem aumentando. Embora a digitalização da íris pareça relativamente bem desenvolvida, a comparação de faces com fotografias, muito menos intrusiva, atualmente não está muito avançada. Variações em luminosidade e postura, bem como mudanças causadas por idade, doença ou cirurgia cosmética, ajudam a introduzir variação em excesso.

CAPÍTULO 2

1. Este é um sumário tremendamente superficial de apenas uma parte do projeto antropológico vitoriano. Para um panorama crítico da noção (espúria) de haver uma progressão social evolucionária de sociedade "primitiva" para "civilizada", ver Fa-

bian (1983), Kuper (1988) e Stocking (1982). Edwards (1992, 2001) fornece mais informações sobre o papel da fotografia nesses projetos.
2. As citações das pautas fotográficas da FSA foram retiradas de apêndices de uma versão mais longa e não publicada do artigo de Suchar, apresentado durante um encontro da Associação Internacional de Estudos Visuais em 1989 (ver Flaes, 1989). Mais informações sobre o trabalho fotográfico da FSA podem ser encontradas em Trachtenberg (1989), enquanto o trabalho inicial de Collier e Collier sobre métodos de pesquisa visual (1986, originalmente 1967) surgiu do trabalho de John Collier para a FSA na década de 1940.
3. Embora eu mencione o trabalho dele de passagem em outra parte do livro, este não é o lugar para discutir a enorme influência de David MacDougall na história do filme etnográfico pós-1960, seja por meio de seus próprios filmes (muitas vezes em conjunto com Judith MacDougall), seja por seus escritos sobre filme e antropologia visual. Ver Grimshaw (2001) e Loizos (1993) para avaliações, bem como MacDougall (1998) para alguns de seus ensaios.
4. Em resumo, e antecipando a discussão do Capítulo 3, estou portanto excluindo primeiramente os muitos estudos de publicidade e outras imagens que são consumidas dentro da sociedade euro-americana. Isso é baseado no fato de que tais estudos dão pouca atenção aos agentes humanos envolvidos na produção de tais imagens, atribuindo-as geralmente à "sociedade" em um sentido bastante vago; ou seja, a "sociedade" de alguma forma produz imagens que empregam códigos que os euro-americanos leem ou que refletem as normas e valores da "sociedade" euro-americana. Tais estudos, portanto, começam o trabalho de análise sociológica já tarde demais no processo, por mais valiosa que possa ser a análise semiótica posterior. Em segundo lugar, eu excluo a literatura que discute a "melhor" maneira de apresentar material visual – novamente, ampla e inquestionavelmente orientada para uma compreensão euro--americana de sociedade essencialmente não histórica. Essa literatura é interessante e também valiosa para os envolvidos nos setores relevantes mas, mais uma vez, ela não me parece particularmente sociológica, exceto nas pressuposições que faz.

CAPÍTULO 3

1. Jenkins faz essas observações em louvor à habilidade do sociólogo Pierre Bourdieu nessa área, mas chegar a um diálogo produtivo entre "teoria" e prática é um objetivo de todos os antropólogos.
2. Para eu ser capaz de formular algumas dessas proposições deve ser óbvio, espero, que me situo dentro de um paradigma amplamente interpretativista e reflexivo. Isto é, minha epistemologia pessoal traz dentro dela a aparente capacidade de pensar dentro do paradigma e ficar ao mesmo tempo fora dele para considerá-lo juntamente com os outros paradigmas principais. Embora reconhecidamente paradoxal, não há muito que eu possa fazer quanto a isso. Tudo que posso dizer é que espero poder apresentar as várias perspectivas discutidas no texto da maneira mais isenta possível.
3. Sem dúvida, há disciplinas inteiramente dedicadas à análise da imagem, especialmente a história da arte e os estudos de cinema. Embora haja exceções importantes, historicamente essas disciplinas não se preocuparam muito com os problemas sociais nem adotaram uma abordagem distintamente sociológica para o estudo de imagens visuais. Eu não as discuto mais aqui.
4. Tenho necessariamente de ser seletivo com o que é incluído nesta sessão. Talvez a omissão mais significativa seja uma discussão extensa das abordagens psicanalíticas. Gillian Rose fornece um admirável resumo (2001, Cap. 5).

5. Ampliei imaginativamente a discussão de Lister e Wells sobre a imagem.
6. Estou bem consciente da ironia dessa afirmação e de dar esse exemplo exatamente em um livro destinado a ser usado em cursos sobre métodos de pesquisa.
7. Estritamente, é evidente que Haddon estava estudando as coisas – cestos, potes ou o que seja – em vez de imagens como tais. Para *Evolution in Art* ele examinou objetos em vários museus, bem como desenhos e fotografias feitos por outras pessoas. A questão parece banal, mas é típico dos deslizes e omissões que existem entre coisas e imagens de coisas em muita análise.
8. A influência teórica subjacente implícita parece ser uma forma de funcionalismo durkheimiano; ver Besnard (1994) para um exemplo recente, não visual e mais explicitamente durkheimiano, e ver evidentemente *Suicide* (1951), de Durkheim.
9. Heath e Hindmarsh também fornecem uma sinopse de um longo sistema de transcrição para anotar o material de vídeo.
10. Em um nível mais abstrato, Giddens (1991) usa o termo para indicar o processo constante de autoanálise e reformulação que a modernidade exige dos membros da sociedade. Essa macroperspectiva pode ser entendida como um contexto para uma discussão dessa noção em termos práticos e metodologicamente mais restritos.
11. Trabalhos esseciais normalmente associados com a identificação (ou, diriam alguns, criação) dessa "crise" são Clifford e Marcus (1986), Marcus e Fischer (1986), Marcus e Cushman (1982) e Clifford (1988). A partir deles, especialmente várias contribuições no primeiro volume, espiralou-se vasta literatura.
12. Penso que é possível, apesar dos pressupostos teóricos subjacentes, discutir "boas" e "más" aplicações de método ou análise; ou seja, alguns projetos são simplesmente malconcebidos ou malconduzidos. Embora os padrões pelos quais se avaliam os projetos sejam definidos em parte pelo paradigma teórico que os enquadra (p. ex., dentro de um paradigma positivista quantitativo, a falha em distinguir entre um conjunto "randômico" de dados de imagens selecionadas para investigar, digamos, desigualdade de gênero em publicidade, e um conjunto de dados "oportunista" é um defeito sério), acho que é possível identificar algumas falhas universais que qualquer cientista social, seja qual for sua convicção teórica, consideraria comprometedoras para o projeto. A principal entre elas seria a elevação, geralmente implícita, da opinião de um pesquisador (sobre, por exemplo, o que uma fotografia "significa") em termos de uma "verdade" que é válida para todos os membros de sua sociedade e, de fato, para o gênero humano universalmente. Esse tipo de defeito é mais comum do que se imagina, e muitas vezes é disfarçado por prosa enfática ou supostamente "difícil".

CAPÍTULO 4

1. Muitos dos exemplos descritos neste capítulo e no próximo são retirados de meu livro anterior sobre métodos visuais (Banks, 2001), embora frequentemente reformulados para se adaptarem à programção deste volume.
2. Por "em campo" eu me refiro simplesmente a qualquer contexto de mundo real em que as pessoas estão envolvidas em suas atividades cotidianas e no qual o pesquisador visa se inserir por um período mais ou menos longo, em contraposição ao escritório, e à biblioteca ou ao laboratório experimental.
3. A antropóloga Janet Hoskins (1998) considera a situação oposta, em que a discussão dos objetos pode ajudar a enriquecer as biografias das pessoas.
4. Fazendo uma digressão, alguns professores tanto de antropologia visual como de filme às vezes organizam um exercício de treinamento para os alunos no qual seria muito

útil ter um botão para cortar a imagem. Uma sequência de filme sem som é passada para a turma, seguida de uma trilha sonora sem acompanhamento de imagem. Pede-se aos alunos para descrever o que compreendem: em que parte do mundo nós estamos? O que eles estão fazendo? Como a trilha sonora pode ajudar a estruturar as imagens? Que tipos de imagem podem acompanhar esses sons? E assim por diante. No entanto, o maior objetivo desse exercício não é conduzir qualquer tipo de experimento com os alunos, mas usá-lo como um ponto de partida para o desenvolvimento de sua alfabetização visual, ajudando-os a tornar explícitas e conscientes suas habilidades tácitas de leitura do filme (ver também Martinez, 1990, p. 46).

5. O abrangente *Cross-Cultural Filmmaking*, de Barbash e Taylor (1997), é valioso para muitos propósitos além da produção de filme etnográfico e cobre uma imensa variedade de questões técnicas, bem como discussões mais amplas sobre estilos de filme, ética, e assim por diante (ver também Asch, 1992). Não existe nada equivalente para fotografia fixa nem para vídeo (embora alguns conhecimentos úteis possam ser encontrados em Wright, 1999, para a primeira, e Harding, 1997, para o último). *Doing Visual Ethnography*, de Sarah Pink (2001), contém dois capítulos sobre o uso de fotografia e de vídeo em pesquisa etnográfica de campo, que embora não sejam estritamente técnicos certamente fazem várias observações práticas.

6. Alguns críticos (p. ex., Ruby, 2005, p. 112) entendem que a idéia de *ciné-trance* significa que os sujeitos do filme (mais que o cineasta) entram em um tipo de estado de transe e, ao fazê-lo, revelam-se a si mesmos e a sua cultura para a câmera de uma maneira que não seria possível por outros meios. É inteiramente possível que Rouch tenha usado a ideia nos dois sentidos, o que certamente está de acordo com a ideia discutida na seção sobre colaboração neste capítulo que o próprio fato de se envolverem com a pesquisa social faz com que os sujeitos de pesquisa reflitam sobre eles mesmos e sua posição social.

7. Quase todo antropólogo da Euro-América que trabalhou no mundo em desenvolvimento encontrou pessoas que têm expectativas, algumas realistas, outras não, sobre o que o antropólogo pode ser capaz de fazer por elas: conseguir empregos no exterior, interceder junto a funcionários locais, servir de intermediário para projetos de ajuda ou empreendimentos turísticos e assim por diante.

8. A introdução de Chalfen à segunda edição do livro (originalmente publicado em 1972) resume as respostas ao projeto (Chalfen, 1996).

9. Devo dizer logo que não tenho nenhum problema com projetos em defesa de direitos que são conduzidos por pesquisadores sociais. Meu objetivo aqui é apenas criar uma distinção de categoria entre projetos visuais comissionados por um grupo de sujeitos de pesquisa para seus próprios fins, nos quais o pesquisador é basicamente um facilitador, e aqueles em que as metas políticas e sociais do grupo correspondem a um interesse mais disciplinar do que ético ou político do pesquisador. A distinção, admito, é tênue.

10. Isso pode ser facilmente acessado *on-line* no endereço www.theasa.org.

11. Alguns antropólogos descobriram por experiência própria que isso pode não ser suficiente. Em grupos que têm um forte sentimento de identidade coletiva, o fato de a identidade de indivíduos específicos ser escondida é irrelevante. Se um indivíduo é descrito anonimamente como autor de algo vergonhoso, ilegal ou simplesmente embaraçoso, o grupo como um todo (ou líderes alegando falar em benefício do grupo como um todo) pode se ofender com a circulação da representação.

12. Não sou advogado e minha compreensão desses problemas é muito superficial. Pesquisadores sociais que pensam ter uma boa razão para se preocupar com tais questões devem consultar um advogado especializado ou com prática nesses assuntos. Entendo, porém, que há muitas áreas obscuras e poucas respostas claras.

13. Ficou demonstrado em 1998 que os sujeitos de imagens não têm nenhum direito legal automático a direitos autorais, quando a Fundação Diana, Princesa de Gales, moveu ação legal contra uma fábrica norte-americana de itens comemorativos alegando que uma boneca "Diana" que ela estava produzindo "explorava" a identidade da mulher falecida (*Electronic Telegraph*, edição 1089, 19 de maio de 1998); um ano antes a fundação tinha tentado tornar a imagem de Diana uma marca registrada. Ambas ações malograram.

CAPÍTULO 5

1. Dito isso, há muitos departamentos de ciências sociais no Reino Unido – inclusive o meu no nível de doutorado – que não aceitariam um filme (por exemplo) como parte inerente de um argumento de dissertação, mas apenas como um anexo em uma dissertação escrita que os examinadores não seriam necessariamente obrigados a ver.
2. Alguém poderia também defender a posição contrária, de que as fotografias são e continuam sendo poderosas demais em suas propriedades representacionais para serem restringidas dessa forma.
3. Considero o primeiro "público" um tanto autoevidente e seria insincero fingir o contrário.
4. "Metragem de pesquisa" evidentemente é uma outra questão; quando um pesquisador social faz um filme ou vídeo como parte de um exercício de coleta de dados, é provável que ele forme o único público, certamente para a totalidade do material, embora trechos possam ser mostrados em conferências.
5. Ironicamente, talvez, na época da publicação, Bell não tivesse enviado cópias para serem guardadas no Delta do Purari porque as condições locais de armazenamento ainda não eram suficientes para preservar papel em clima úmido, embora isso esteja em seus planos (J. Bell, 2003, p. 119). Entretanto, está claro para ele, como para mim, que a ideia ou significação das imagens foi repatriada e que, dentro do contexto cultural local, o discurso oral e material em torno das imagens é mais importante do que os próprios objetos fotográficos.
6. Ao longo de seu artigo, Geffroy – que tem formação psicanalítica – faz de fato algumas leituras psicanalíticas das fotografias dos aldeões, especialmente envolvendo gênero e relações conjugais.
7. A qualidade pode de fato ser diminuída se formatos de compressão "dissipativos" como JPEG forem usados, pois eles supostamente descartam os pixels redundantes: para arquivos de imagem é preferível o formato TIFF. Da mesma forma, o escaneamento (ou a criação de fotografia digital fixa) deve ser feito com a maior resolução possível, independentemente do tamanho do arquivo. A resolução pode ser diminuída, por exemplo, para criar pequenos arquivos para transmissão eletrônica, mas nunca pode ser aumentada. O armazenamento de arquivos eletrônicos agora é tão barato e o poder de processamento do computador é tão grande que os enormes arquivos de imagens TIFF de alta resolução não são mais os obstáculos que eram antes.
8. O povo uduk está refugiado desde a década de 1980, sendo obrigado a cruzar a fronteira entre o Sudão e a Etiópia várias vezes. O recente trabalho de James documentou as turbulências em suas vidas, um *corpus* que inclui tanto o filme de televisão (*Orphans of Passage*, MacDonald, 1993) como o artigo no qual esse projeto multimídia foi baseado. O próprio projeto multimídia foi concebido como um tipo de anexo para um projeto inicial de ampla escala, "Experience-Rich Anthropology" (ERA), que procurou criar textos multimídia baseados no trabalho de vários antropólogos para serem usados no ensino da disciplina. Os projetos ERA, coordenados por

Michael Fischer e David Zeitlyn, podem ser encontrados *on-line* no endereço era. anthropology.ac.uk.
9. Uma discussão completa de sistemas de codificação manuais e informáticos para texto está muito além do escopo deste livro; ver J. Fielding (2001) e Gibbs (2007) para boas introduções.

CAPÍTULO 6

1. Em 2002 o então secretário da Defesa dos EUA Donald Rumsfeld comentou sobre a probabilidade de ligações entre o regime de Saddam Hussein em Bagdá e organizações terroristas como a al-Qaeda referindo-se aos "conhecidos conhecidos", os "conhecidos desconhecidos" e os "desconhecidos desconhecidos"; essa declaração aforística foi subsequentemente posta em forma de poesia por Seely (2003). De muitas maneiras, as metodologias de pesquisa visual oferecem acesso não somente aos "conhecidos desconhecidos", mas também aos "desconhecidos desconhecidos".
2. Isso é menos verdadeiro quando a linguagem ou, mais especificamente, a análise linguística está envolvida. Como no nível de *langue* e talvez no nível de *parole*, a linguagem exibe regularidades e comportamentos regidos por regras, é possível atribuir categorias para análise e padronizar e regularizar itens léxicos como dados. Esse processo pode, no entanto, ignorar as formas como a linguagem é colocada em uso social, como a ironia.

GLOSSÁRIO

Agência Capacidade de uma pessoa ou um grupo de exercer ação social (ver também Capítulo 1).

Análise de conversação Estudo do uso da linguagem em situações específicas do mundo real; cada vez mais, os filmes e gravações em vídeo de encontros conversacionais permitem considerar também a gesticulação.

Análise semiótica O estudo de sinais ou símbolos, especialmente sistemas de sinais ligados, e como o significado é comunicado por eles de maneiras estruturadas e previsíveis.

Antropometria Medição do corpo humano; a fotografia antropométrica busca capturar dados sobre forma e tipo de corpo de modo padronizado.

Coreometria Sistema criado por Alan Lomax para analisar interculturalmente o movimento da dança.

Corte saltado Uma maneira de editar um filme ou vídeo no qual duas cenas de conteúdo semelhante são editadas juntas de modo que a ação parece pular em vez de fluir naturalmente.

Dados Um dado (singular) é um item discreto selecionado ou criado para análise, tal como um conjunto de figuras ou uma ocorrência de comportamento (ver também Capítulo 1).

Documentário Relacionado a filme, geralmente cobrindo todo filme de não ficção que tem uma narrativa (ao contrário de um cinejornal, por exemplo) (ver também Capítulo 1).

Etnografia Estudo qualitativo da vida de uma sociedade ou grupo social em campo normalmente por meio da *observação participante* (ver também Quadro 4.1 no Capítulo 4).

Etnologia Um termo agora basicamente descartado, indicando o estudo *etnográfico* de uma sociedade ou, muitas vezes, a comparação de um aspecto ou aspectos de várias sociedades.

Figura/fundo Junto com *perspectiva* e *representação*, este é um dos vários termos tomados das artes visuais para chamar atenção para o espectador e seu engajamento com uma imagem; nesse caso, como os elementos-chave de uma composição estão relacionados ao contexto de inserção (ver também Capítulo 1).

Filme etnográfico Um filme do gênero *documentário* que busca retratar (alguma parte de) a vida de uma sociedade ou grupo social.

Fotograma Uma imagem fixa extraída de uma sequência de imagens em movimento e reproduzida, por exemplo, como uma ilustração em um livro.

Latente O significado subjacente de alguma coisa (uma declaração, uma imagem, etc.) em vez do significado aparentemente óbvio ou *manifesto*.

Manifesto A aparência de alguma coisa na superfície ou o significado pretendido de alguma coisa; ver também *latente*.

Materialidade Um termo para chamar atenção para a significação social das propriedades materiais das coisas.

Metadados Dados sobre *dados*; se um objeto ou imagem é entendido como um item de dados, a descrição do item constitui seus metadados; metadados são tipicamente muito mais estruturados e regulares que os itens de dados que descrevem e, assim, permitem análise mais sistemática.

Multivocalidade Ver **polivocalidade**.

Narrativa Em suma, a "história" contada por uma sequência de palavras, ações ou imagens, e mais geralmente a organização da informação dentro dessa história (ver também Capítulo 1).

Observação participante Um método de pesquisa de campo usado por antropólogos e outros em que o pesquisador procura participar tanto quanto possível na vida social dos sujeitos de pesquisa, bem como – paradoxalmente – manter-se ao lado da vida social a fim de observá-la.

Ocularcentrismo Termo que denota a aparente centralidade da visão na compreensão de si mesmo do mundo moderno (ver também Capítulo 1).

Perspectiva Um interesse em perspectiva no sentido técnico estimula a pesquisa visual a dar mais atenção ao lugar e ponto de vista do observador (ver também Capítulo 1).

Pesquisa de campo Um termo amplo indicando a presença do pesquisador entre os sujeitos de pesquisa em seu ambiente normal de interação social; o pesquisador usará uma variedade de métodos durante a pesquisa de campo (ver também Quadro 4.1 no Capítulo 4).

Polivocalidade As "muitas vozes" com que as imagens podem falar, isto é, os diferentes significados que podem ser atribuídos a uma imagem por diferentes observadores.

Proxêmica O estudo do uso (social) do espaço e o que às vezes é chamado de "território pessoal"; como na *coreometria*, são usados frequentemente filme e vídeo para capturar dados para análise subsequente.

Quadro Literalmente, o quadro em torno de uma imagem (ou uma única imagem em uma sequência, como em uma tira de filme), mas também as questões intelectuais que delineiam os parâmetros de uma peça de pesquisa (ver também Capítulo 1).

Reflexividade O processo pelo qual um pesquisador considera e explica seu próprio papel na condução de pesquisa e análise dos resultados (ver também Capítulo 1).

Regime escópico Uma forma de controle ou ordem social apoiada principalmente na visão – o ato de ver e a condição de ser visto – para manter tal ordem.

Representação Uma coisa (uma verbalização, uma pintura, etc.) se apresentando no lugar de outra (um ato testemunhado, uma pessoa), mas não idêntica a ela; a representação é uma coisa-em-si-mesma, não apenas uma substituta para alguma outra coisa (ver também Capítulo 1).

REFERÊNCIAS

Abu-Lughod, L. (1995) 'The objects of soap opera: Egyptian television and the cultural politics of modernity', in D. Miller (ed.), *Worlds Apart; Modernity Through the Prism of the Local*. London: Routledge, pp. 190-210.

Alexander, V. (2001) 'Analysing visual materials', in N. Gilbert (ed.), *Researching Social Life*. London: Sage, pp. 343-57.

Angrosino, M. (2007) *Doing Ethnographic and Observational Research* (Book 3 of *The SAGE Qualitative Research Kit*). London: Sage. Publicado pela Artmed sob o título *Etnografia e observação participante*.

Appadurai, A. (ed.) (1986) *The Social Life of Things: Commodities in Cultural Perspective*. Cambridge: Cambridge University Press.

Asch, T. (1992) 'The ethics of ethnographic film-making', in P.I. Crawford and D. Turton (eds), *Film as Ethnography*. Manchester: Manchester University Press, pp. 196-204.

Asch, P. and Connor, L. (1994) 'Opportunities for "double-voicing" in ethnographic film', *Visual Anthropology Review*, 10: 14-27.

Aston, J. (2003) 'Interactive multimedia: an investigation into Its potential for communicating ideas and arguments', PhD thesis, Royal College of Art and University of Cambridge, London and Cambridge.

Aufderheide, P. (1995) 'The Video in the Villages project: videomaking with and by Brazilian Indians', *Visual Anthropology Review*, 11: 83-93.

Ball M. (1998) 'Remarks on visual competence as an integral part of ethnographic fieldwork practice: the visual availability of culture', in J. Prosser (ed.), *Image-Based Research: A Sourcebook for Qualitative Researchers*. London: Falmer Press, pp. 131-47.

Ball M. and Smith, G.W.H. (1992) *Analyzing Visual Data*. London: Sage.

Banks, M. (1996) 'Constructing the audience through ethnography', in P.I. Crawford and S.B. Hafsteinsson (eds), *The Construction of the Viewer: Proceedings from NAFA 3*. H0jbjerg, Denmark: Intervention Press, pp. 118-34.

Banks, M. (2001) *Visual Methods in Social Research*. London: Sage.

Barbash, I. and Taylor, L. (1997) *Cross-Cultural Filmmaking; A Handbook for Making Documentary and Ethnographic Films and Videos*. Berkeley: University of California Press.

Barbour, R. (2007) *Doing Focus Groups* (Book 4 of *The SAGE Qualitative Research Kit*). London: Sage. Publicado pela Artmed sob o título *Grupos focais*.

Barnouw, E. (1983) *Documentary: A History of the Non-fiction Film* (rev. ed.). Oxford: Oxford University Press.

Barry, A. (1995) 'Reporting and visualising', in C. Jenks (ed.), *Visual Culture.* London: Routledge, pp. 42-57.

Barthes, R. (1973) *Mythologies.* London: Paladin.

Bateson, G. and Mead, M. (1942) *Balinese Character; A Photographic Analysis.* New York: New York Academy of Sciences.

Becker. H. (1982) *Art Worlds.* Berkelev: Universitv of California Press.

Becker, H. (1998) *Tricks of the Trade: How to Think About Your Research While You're Doing It.* Chicago: University of Chicago Press.

Becker, H. and Hagomon, D. (2003) 'Afterword: digital image ethics', in L. Gross, J. Katz and J. Ruby (eds), *Image Ethics In the Digital Age.* Minneapolis: University of Minnesota Press, pp. 343-9.

Becker, H.S. (1974) 'Photography and sociology', *Studies In the Anthropology of Visual Communication* 1,3-26. Republished in H.S. Becker (1986) *Doing Things Together: Selected Papers.* Evonston: Northwestern University Press; also available online at lucy.ukc.ac.uk/ becker.html.

Bell, J. (2003) 'Looking to see: reflections on visual repatriation in the Purari Delta, Gulf Province, Papua New Guinea', in L. Peers and A. Brown (eds), *Museums and Source Communities: A Routledge Reader.* London: Routledge, pp. 111-22.

Bell, P. (2001) 'Content analysis of visual images', in T. van Leeuwen and C. Jewitt (eds), *Handbook of Visual Analysis.* London: Sage, pp. 10-34.

Berelson, B. (1952) *Content Analysis in Communication Research.* New York: Free Press. Berger, J. (1972) *Ways of Seeing.* London: BBC/Penguin.

Berger, J. and Mohr, J. (1967) A *Fortunate Man: The Story of a Country Doctor.* Hormondsworth: Allen Lone/Penguin.

Berger, J. and Mohr, J. (1975) A *Seventh Man: A Book of Images and Words About the Experience of Migrant Workers In Europe.* Hormondsworth: Penguin.

Berger, J. and Mohr, J. (1982) *Another Way of Telling.* London: Writers and Readers. Besnard, P. (1994) 'A Durkhelmion approach to the study of fashion: the sociology of Christian or first names', in W.S.F. Pickering and H. Martins (eds), *Debating Durkhelm.* London: Routledge, in conjunction with the British Centre for Durkheimlon Studies, pp. 159-73.

Biella, P., Chagnon, N.A. and Seaman, G. (1997) *Yanomamo Interactive: The Ax Fight.* New York: Harcourt Brace.

Biella, P. (1988) 'Against reductionism and idealist self-reflexlvlty: the Ilparakuyo Maosai film project', in J. Rollwagon (ed.), *Anthropological Filmmaking: Anthropological Perspectives on the Production of Film and Video for the General Public* Chur: Harwood Academic Press, pp. 47-73.

Brown, A., Peers, L. and members of the Kainai Nation (2005) *'Pictures Bring Us Messages/ Slnaakss//ksl aohtslmaahplhkooklyaawa: Photographs and Histories from the Kalnal Nation.* Toronto: University of Toronto Press.

Caldorola, V. (1985) 'Visual contexts: a photographic research method in anthropology', *Studies In Visual Communication,* 11: 33-53.

Corelli, V. (1988) 'video dons les villages: un instrument de reaffirmation ethnlque', *CVA Newsletter,* October: 13-19.

Chalfen, R. (1996) 'Foreword', in S. Worth and J. Adair (eds), *Through Navajo Eyes: An Exploration In Film Communication and Anthropology.* Albuquerque: University of New Mexico Press, pp. ix-xxii.

Choplin, E. (1994) *Sociology and Visual Representation.* London: Routledge.

Choplin, E. (1998) 'Making meanings in art worlds: a sociological account of the career of John Constable and his oeuvre, with special reference to "The Cornfield" (homage to Howard Becker)', in J. Prosser (ed.), *Image-Based Research: A Sourcebook for Qualitative Researchers*. London: Falmer Press, pp. 284-306.

Chiozzi, P. (1989) 'Photography and anthropological research: three case studies', in R. Boonzajer Floes (ed.), *Eyes Across the Water: The Amsterdam Conference on Visual Anthropology and Sociology*. Amsterdam: Het Spinhuis, pp. 43-50.

Clifford, J. (1988) *The Predicament of Culture: Twentieth Century Ethnography, Literature and Art*. Cambridge, MA: Harvard University Press.

Clifford, J. and Marcus, G.E. (1986) *Writing Culture: The Poetics and Politics of Ethnography*. Berkeley: University of California Press.

Collier, J. and Collier, M. (1986) *Visual Anthropology: Photography as a Research Method*. Albuquerque: University of New Mexico Press.

Coover, R. (2004a) 'Using digital media tools in cross-cultural research, analysis and representation', *Visual Studies*, 19: 6-25.

Coover, R. (2004b) 'Working with images, images of work: using digital Interface, photography and hypertext in ethnography', in S. Pink L. Kurti and A.I. Afonso (eds), *Working Images: Visual Research and Representation in Ethnography*, London: Routledge, pp. 185-203.

Cronin, 6. (1998) 'Psychology and photographic theory', in J. Prosser (ed.), *Image-Based Research: A Sourcebook for Qualitative Researchers*. London: Falmer Press, pp. 69-83.

Danforth, L. and Tsiaras, A. (1982) *The Death Rituals of Rural Greece*. Princeton: Princeton University Press.

Darvin, C. (1872) *The Expression of the Emotions in Man and Animals*. London: John Murry.

Davis, J. (1989) 'The social relations of the production of history', in E. Tonkin, M. McDonald and M. Chapman (eds), *History and Ethnicity*. London: Routledge, pp. 104-20.

de Brigard, E. (1995 (1975)) 'The history of ethnographic film', in P. Hockings (ed.), *Principles of Visual Anthropology* (2nd edn). The Hague: Mouton, pp. 13-43.

de Lalne, M. (2000). *Fieldwork Participation and Practice: Ethics and Dilemmas in Qualitative Research*. London: Sage.

Diem-Wille, G. (2001) 'A therapeutic perspective: the use of drawings in child psychoanalysis and social science', in T. van Leeuwen and C. Jewitt (eds), *Handbook of Visual Analysis*. London: Sage, pp. 119-33.

Dowmunt, T. (ed.) (1993) *Channels of Resistance: Global Television and Local Empowerment*. London: BFI Publishing, in association with Channel Four Television.

Dresch, P., James, W. and Parkin, D. (eds) (2000) *Anthropologists in a Wider World: Essays on Field Research*. Oxford: Berghahn Books.

Durkheim, E. (1951) *Suicide*. Glencoe, IL: The Free Press.

Eaton, M. (1979) 'The production of cinematic reality', in M. Eaton (ed.), *Anthropology-Reality-Cinema: The Films of Jean Rouch*. London: British Film Institute, pp. 40-53.

Edgar, I. (2004) 'Imagework in ethnographic research', in S. Pink L. Kurti and A.I. Afonso (eds), *Working Images: Visual Research and Representation in Ethnography*. London: Routledge, pp. 90-106.

Edwards, E. (ed.) (1992) *Anthropology and Photography 7860-7920*. New Haven: Yale University Press, In association with The Royal Anthropological Institute, London.

Edwards, E. (2001) *Raw Histories: Photographs, Anthropology and Museums*. Oxford: Berg.

Edwards, E. (2003) 'Talking visual histories: introduction', in L. Peers and A. Brown (eds), *Museums and Source Communities: A Routhledge Reader*. London: Routledge, pp. 83-99.

Referências

Ellen, R.F. (ed.) (1984) *Ethnographic Research: A Guide to General Conduct*. London: Academic Press.

Emmison, M. and Smith, P. (2000) *Researching the Visual: Images, Objects, Contexts and Interactions in Social and Cultural Enquiry*. London: Sage.

Evans, J. and Hall, S. (1999) 'What is visual culture?', in J. Evans and S. Hall (eds), *Visual Culture: The Reader*. London: Sage, in association with the Open University.

Fabian, J. (1983) *Time and the Other: How Anthropology Makes Its Object*. New York: Columbia University Press.

Fairs, J.C. (1992) 'Anthropological transparency: film, representation and politics', in P. Crawford and D. Turton (eds), *Film as Ethnography*. Manchester: Manchester University Press, in association with the Granada Centre for Visual Anthropology, pp. 171-82.

Faris. J.C. (1993) 'A response to Terence Turner'. *AnthroDoloav Todav*. 9: 12-13.

Fielding, J. (2001) 'Coding and managing data', In N. Gilbert (ed.), *Researching Social Life*. London: Sage, pp. 227-51.

Fielding, N. (2001) 'Ethnography', in N. Gilbert (ed.), *Researching Social Life*. London: Sage, pp. 145-63.

Fischer, M.D. and Zeitlyn, D. (2003) 'Visual anthropology in the digital mirror: computer-assisted visual anthropology'. Canterbury: Centre for Social Anthropology and Computing, http://lucy.ukc.ac.uk/dz/layers_nggwun.html

Flaes, R.B. (ed.) (1989) *Eyes Across the Water: The Amsterdam Conference on Visual Anthropology and Sociology*. Amsterdam: Het Spinhuis.

Flick. U. (2007a) *Designing Qualitative Research* (Book 1 of *The SAGE Qualitative Research Kit*). London: Sage. Publicado pela Artmed sob o título *Desenho da pesquisa qualitativa*.

Flick. U. (2007b) *Managing Quality in Qualitative Research* (Book 8 of *The SAGE Qualitative Research Kit*). London: Sage. Publicado pela Artmed sob o título *Etnografia e observação participante*.

Foucault, M. (1973) *The Birth of the Clinic: An Archeology of Medical Perception*. London: Tavistock.

Foucault, M. (1977) *Discipline and Punish: The Birth of the Prison*. London: Allen Lane. Geer1z, C. (1973) 'Deep play. Notes on the Balinese cock-fight', in *The Interpretation of Cultures*. New York: Basic Books, pp. 412-53.

Geffroy, Y. (1990) 'Family photographs: a visual heritage', *Visual Anthropology*, 3: 367-410.

Gell, A. (1992) 'The technology of enchantment and the enchantment of technology', in J. Coote and A. Shelton (eds), *Anthropology, Art and Aesthetics* (Oxford Studies In the Anthropology of Cultural Forms). Oxford: Clarendon Press, pp. 40-63.

Gell, A. (1998) *Art and Agency: An Anthropological Theory*. Oxford: Clarendon.

Gibbs, G. (2007) *Analyzing Qualltative Data* (Book 6 of *The SAGE Qualltative Research Kit*). London: Sage. Publicado pela Artmed sob o título *Análise da dados qualitativos*.

Giddens, A. (1991) *Modernity and self-Identity*. Cambridge: Polity.

Ginsburg, F. (1991) 'Indigenous media: Faustian contract or global village?', *Cultural Anthropology*, 6: 92-112.

Ginsburg, F. (1994) 'Culture/media: a (mild) polemic', *Anthropology Today*, 10: 5-15. Ginsburg, F. (1999) 'The parallax effect: the impact of indigenous media on ethnographic film', in J.M. Gaines and M. Renov (eds), *Collecting Visible Evidence*. Minneapolis: Unrversity of Minnesota Press, pp. 156-75.

Glaser, B.G. and Strauss, A.L. (1967) *The Discovery of Grounded Theory: Strategies for Qualitative Research*. New York: Aldine.

Gold, S. (1991) 'Ethnic boundaries and ethnic entrepreneurship: a photo-elicitation study', *Visual Sociology*, 6(2): 9-22.

Goodwin, C. (2001) 'Practices of seeing visual analysis: an ethnomethodological approach', in T. van Leeuwen and C. Jewitt (eds), *Handbook of Visual Analysis*. London: Sage, pp. 157-182.

Gould, S.J. (1981) *The Mismeasure of Man*. New York: W.W. Norton.

Grady, J. (1991) 'The visual essay and sociology', *Visual Sociology*, 6: 23-38.

Griffiths, A. (2002) *Wondrous Difference: Cinema, Anthropology and Turn-of-the-Century Visual Culture*. New York: Columbia Unrversity Press.

Grimshaw, A. (200 1) *The Ethnographer's Eye: Ways of Seeing In Anthropology*. Cambridge: Cambridge University Press.

Gross, L Katz, J. and Ruby, J. (eds) (1988) *Image Ethics: The Moral Rights of Subjects in Photographs, Film, and Television*. New York; Oxford: Oxford University Press.

Gross, L Katz, J. and Ruby, J. (eds) (2003) *Image Ethics in the Digital Age*. Minneapolis: Unrversity of Minnesota Press.

Gupta, A. and Ferguson, J. (1992) 'Beyond "Culture": space, identity, and the politics of difference', *Cultural Anthropology*, 7: 6-23.

Haddon, A.C. (1895) *Evolution In Art: As Illustrated by the Life-Histories of Designs*. London: Walter Scott.

Halpern, S.W. (2003) 'Copyright law and the challenge of digital technology', in L. Gross, J. Katz and J. Ruby (eds), *Image Ethics in the Digital Age*. Minneapolis: University of Minnesota Press, pp. 143-70.

Hammersley, M. and Atkinson, P. (1983). *Ethnography: Principles in Practice*. London: Tavistock.

Hamilton, P. and Hargreaves, R. (2001) *The Beautiful and the Dammed: The Creation of Identity in Nineteenth-Century Portrait Photography*. London: National Portrait Gallery.

Hardlng, T. (1997) *The Video Actlvist Handbook*. London: Pluto.

Harper, D. (1982) *Good Company*. Chicago: University of Chicago Press.

Harper, D. (1987a) 'The visual ethnographic narrative', *Visual Anthropology*, 1: 1-20. Harper, D. (1987b) *Working Knowledge: Skill and Community in a Small Shop*. Chicago: University of Chicago Press.

Harper, D. (1989) 'Visual sociology: expanding the sociological vision', in G. Blank J. McCartney and E. Brent (eds), *New Technology in Sociology*. New Brunswick NJ: Transaction Publishers, pp. 81-97.

Harper, D. (1998) 'An argument for visual sociology', In J. Prosser (ed..), *Image-Based Research: A Sourcebook for Qualitative Researchers*. London: Falmer Press,. pp. 24-41.

Heath, C. and Hindmarsh, J. (2002), 'Analysing interaction: video, ethnography and situated conduct', in T. May (ed..), *Qualitative Research in Action*. London: Sage, pp.99-121.

Heider, K. (1976) *Ethnographic Film*. Austin: University of Texas Press.

Henley, P. (2004) 'Putting film to work: observational cinema as practical ethnography', in S. Pink L. Kurti and A.I. Afonso (eds), *Working Images: Visual Research and Representation in Ethnography*. London: Routledge, pp. 109-30.

Herle, A. and Rouse, S. (eds) (1998) *Cambridge and the Torres Strait: Centenary Essays on the 1898 Anthropological Expedition*. Cambridge: Cambridge University Press.

Hoskins, J. (1998) *Biographical Objects: How Things Tell the Stories of People's Lives*. New York: Routledge.

Iedema, R. (2001) Analysing film and television: a social semiotic account of *Hospital: an unhealthy business*', in T. van Leeuwen and C. Jewitt (eds), *Handbook of Visual Analysis*. London: Sage, pp. 183-204.

Israel, M. and Hay, I. (2006) *Research Ethics for Social Scientists*. London: Sage.

James, W. (1997) 'The names of fear: memory, history, and the ethnography of feeling among Uduk refugees' , *Journal of the Royal Anthropological Institute*, 3: 115-31.

Jay, M. (1989) 'In the empire of the gaze', in L. Appignanesi (ed..), *Postmodernism*. London: Free Association Books, pp. 19-25.

Jay, M. (1992) 'Scopic regimes of modernity', in S. Lash and J. Friedman (eds), *Modernity and Identity*. Oxford: Blackwell, pp. 178-95.

Jenkins, R. (1992) *Pierre Bourdieu*. London: Routledge.

Jenks, C. (1995) 'The centrality of the *eye* in western culture: an introduction', in C. Jenks (ed..), *Visual Culture*. London: Routledge, pp. 1-25.

Jewitt, C. and Oyama, R. (2001) 'Visual meaning: a social semiotic approach', In T. van Leeuwen and C. Jewitt (eds), *Handbook of Visual Analysis*, London: Sage, pp. 134-56.

Jordan, P.-L. (1992) *Cinema/cinema/kino*. Marseille: Musees de Marseille.

Kingston, D.P. (2003) 'Remembering our namesakes: audience reactions to archival film of King Island, Alaska', in L. Peers and A. Brown (eds), *Museums and Source Communities: A Routledge Reader*. London: Routledge, pp. 123-35.

Krebs, S. (1975) 'The film elicitation technique', in P. Hockings (ed.), *Principles of Visual Anthropology*, The Hague: Mouton, pp. 283-301.

Kress, G. and van Leeuwen, T. (1996) *Reading Images: The Grammar of Visual Design*. London: Routledge.

Kuper, A. (1988) *The Invention of Primitive Society: Transformations of an Illusion*. London: Routledge.

Kvale, S. (2007) *Doing Interviews* (Book 2 of *The SAGE Qualitative Research Kit*). London: Sage.

Latour, B. (1988) 'Opening one eye while closing the other …a note on some religious paintings', in G. Fyfe and J. Law (eds), *Picturing Power: Visual Depiction and Social Relations*, London: Routledge, pp. 15-38.

Latour, B. (1991) 'Technology is society made durable', in J. Law (ed.), *A Sociology of Monsters: Essays on Power, Technology and Domination*. London: Routledge, pp. 103-31.

Leach, E. (1989) 'Tribal ethnography: past, present, future', in E. Tonkin, M. McDonald and M. Chapman (eds), *History and Ethnicity*. London: Routledge, pp. 34-47.

Leslie, J. (1995) 'Digital photopros and photo(shop) realism', *Wired*, 3(5): 108-13. Levi-Strauss, C. (1983) *The Way of the Masks*. London: Jonathan Cape.

Lister, M. and Welis, L. (2001) 'Seeing beyond belief: cultural studies as an approach to analysing the visual', in T. van Leeuwen and C. Jewitt (eds), *Handbook of Visual Analysis*. London: Sage, pp. 61-91.

Loizos, P. (1993) *Innovation In Ethnographic Film: From Innocence to Self-Consciousness*, 1955-1985. Manchester: Manchester University Press.

Lomax, A. (1975) 'Audiovisual tools for the analysis of culture style', in P. Hockings (ed.), *Principles of Visual Anthropology*. The Hague: Mouton, pp. 303-24.

Lombroso, C. (1887) *L 'homme Criminel*. Paris: F. Alcan.

Luli, J. (1990) *Inside Family Viewing: Ethnographic Research on Television's Audiences*. London: Routledge, for Comedia.

Lutkehaus, N. and Cool, J. (1999) 'Paradigms lost and found: the "crisis of representation" and visual anthropology', in J.M. Gaines and M. Renov (eds), *Collecting Visible Evidence*. Minneapolis: University of Minnesota Press, pp. 116-39.

Lynd, R.S. and Lynd, H.M. (1937) *Mlddletown in Transition: A Study In Cultural confllcts*. New York: Harcourt, Brace.

MacDougali, D. (1997) 'The visual in anthropology', in M. Banks and H. Morphy (eds), *Rethinking Visual Anthropology*. New Haven: Yale University Press, pp. 276-95.

MacDougali, D. (1998) *Transcultural Cinema*. Princeton: Princeton University Press.

Marcus, G. (1995) 'Ethnography in/of the world system: the emergence of multi-sited ethnography', *Annual Review of Anthropology*, 24: 95-117.

Marcus, G. and Cushman, D. (1982) *Ethnographies as Texts*. Palo Alto, CA: Annual Reviews Inc.

Marcus, G. and Fischer M.M.J. (1986) *Anthropology as Cultural Critique: An Experimental Moment In the Human Sciences*. Chicago: University of Chicago Press.

Martinez. W. (1990) 'Critical studies and visual anthropology: aberrant vs. anticipated readings of ethnographic film', *CVA Review*, Spring: 34-47.

Martinez. W. (1992) 'Who constructs anthropological knowledge? Toward a theory of ethnographic film spectatorship', in P. Crawford and D. Turton (eds), *Film as Ethnography*. Manchester: Manchester University Press, in association with the Granada Centre for Visual Anthropology, pp. 131-61.

Mead, M. (1995 (1975)) 'Visual anthropology in a discipline of words', In P. Hockings (ed.), *Principles of Visual Anthropology* Berlin: Mouton de Gruyter, pp. 3-10.

Meskeli, L. and Pels, P. (eds) (2005) *Embedding Ethlcs*. Oxford: Berg.

Michaels, E. (1986) *The Aboriginal Invention of Television in Central Australia, 1982-1986: Report of the Fellowship to Assess the Impact of Television in Remote Aboriginal Communities*. Canberra: Australian Institute of Aboriginal Studies.

Michaels, E. (1991 a) 'Aboriginal content: who's got it – who needs it?', *Visual Anthropology*, 4: 277-300.

Michaels, E. (1991b) 'A model of teleported texts (with reference to Aboriginal television)', *Visual Anthropology*, 4: 301-23.

Minh-ha, T.T. (1991) *When the Moon Waxes Red: Representation, Gender and Cultural Polltics*. New York: Routledge.

Mirzoeff, N. (1999) *An Introduction to Visual Culture*. London: Routledge.

Mizen, P. (2005) 'A little "light work"? Children's images of their labour', *Visual Studies*, 20: 124-39.

Monmonier, M. (1991) *How to Lie with Maps*. Chicago: University of Chicago Press.

Moore, H.L. (1988) *Feminism and Anthropology*. Cambridge: Polity Press.

Morley, D. (1992) *Television, Audiences and Cultural Studies*. London: Routledge.

Money, D. (1995) 'Television: not so much a visual medium, more a visible object', in C. Jenks (ed.), *Visual Culture*. London: Rouledge, pp. 170-89.

Morley, D. (1996) 'The audience, the ethnographer, the postmodernist and their problems', in P.I. Crawford and S.B. Hafsteinsson (eds), *The Construction of the Viewer: Proceedings from NAFA* 3. Højbjerg, Denmark: Intervention Press, pp. 11-27.

Morphy, H. and Banks, M. (1997) 'Introduction: rethinking visual anthropology', in M. Banks and H. Morphy (eds), *Rethinking Visual Anthropology*. London: Yale University Press, pp. 1-35.

Mulvey, L. (1975) 'Visual pleasure and narrative cinema', *Screen*, 16: 6-18.

Nichols. B. (1988 (1983)) 'The voice of documentary', in A. Rosenthal (ed.), *New Challenges for Documentary*. Berkeley: University of California Press, pp. 48-63.

Niessen, S. (1991) 'More to it than meets the eye: photo-elicitation among the Batak of Sumatra', *Visual Anthropology*, 4: 415-30.

Peers, L. and Brown, A. (2003) 'Introduction', in L. Peers and A. Brown (eds), *Museums and Source Communities: A Routiedge Reader*. London: Routledge, pp. 1-16.

Pink, S. (2001) *Doing Visual Ethnography: Images, Media and Representation in Research*. London: Sage.

Pink, S. (2006) *The Future of Visual Anthropology: Engaging the Senses*. London: Routledge.

Pinney, C. (1992) 'The parallel histories of anthropology and photography', in E. Edwards (ed.), *Anthropology and Photography*, 1869-1920. New Haven, CT: Yale University Press in associat.ion with The Royal Anthropological Institute, London, pp. 74-95.

Pinney, C. (1997) *Camera Indica: the Social the of Indian Photographs*. London: Reaktion Books.

Pinney, C. and Peterson, N. (eds) (2003) *Photography's Other Histories*. Durham, N.C: Duke University Press.

Poignant, R. (1992) 'Surveying the field of view: the making of the RAI photographic collection', In E. Edwards (ed.), *Anthropology and Photography*, 1860-1920, New Haven: Yale University Press, in association with The Royal Anthropological Institute, London, pp. 42-73.

Prost J.H. (1975) 'Filming body behaviour', In P. Hockings (ed.), *Principles of Visual Anthropology*. The Hague: Mouton, pp. 325-63.

Prosser, J. (1998) 'The status of image-based research', in J. Prosser (ed.), *Image-Based Research: A Sourcebook for Qualitative Researchers*. London: Falmer Press, pp. 97-112.

Prosser, J. (2000) 'The moral maze of image ethics', in H. Simons and R. Usher (eds), *Situated Ethics in Educational Research*. London: Routledge, pp. 116-32.

Ramos, M.J. (2004) 'The limitations of intercultural *ekphrasis*', in S. Pink, L. Kurti and A.I. Afonso (eds), *Working Images: Visual Research and Representation in Ethnography*. London: Routledge, pp. 147-59.

Rapley, T. (2007) *Doing Conversation, Discourse and Document Analysis* (Book 7 of *The SAGE Qualitative Research Kit*). London: Sage.

Richardson, J. and Kroeber, A. (1940) 'Three centuries of women's dress fashions: a quantitative analysis', *Anthropological Records*, 5: 111-53.

Robinson, D. (1976) 'Fashions in the shaving and trimming of the beard: the men of the *Illustrated London News*, 1842-1972', *American Journal of Sociology*, 81: 1133-41.

Root, J. (1986) *Open the Box*. London: Comedia Publishing Group.

Rose, G. (2001) *Visual Methodologies: An Introduction to the Interpretation of Visual Materials*. London: Sage.

Rosenthal, A. (ed.) (1980) *The Documentary Conscience: A Casebook in Film Making*. Berkeley: University of California Press.

Rouch, J. (1975) 'The camera and man', in P. Hockings (ed.) *Principles of Visual Anthropology*. The Hague: Mouton, pp. 29-46.

Ruby, J. (2000) *Picturing Culture: Explorations in Film and Anthropology*. Chicago: University of Chicago Press.

Ruby, J. (2005) 'Jean Rouch: hidden and revealed', *American Anthropologist*, 107: 111-12.

Rundstrom, D. (1988) 'Imaging anthropology', In J. Rollwagon (ed.), *Anthropological Filmmaking: Anthropological Perspectives on the Production of Film and Video for the General Public*. Chur: Harwood Academic Press, pp. 317-70.

Schratz. M. and Steiner-Loffler, U. (1998) 'Pupils using photographs in school self-evaluation', in J. Prosser (ed.), *Image-Based Research: A Sourcebook for Qualitative Researchers*. London: Falmer Press, pp. 235-51.

Schwartz, D. (1993) 'Superbowl XXVI: reflections on the manufacture of appearance', *Visual Sociology*, 8: 23-33.

Schwartz, J.M. and Ryan, J.R. (eds) (2003) *Picturing Place: Photography and the Geographical Imagination*. London: I.B. Tauris.

Seely, H. (2003) 'The poetry of D.H. Rumsfeld: recent works by the secretary of defense', *Slate*, April, www.slate.com/id/2081042/.

Sharpies, M., Davison, L.. Thomas, G. and Rudman, P. (2003) 'Children as photographers: an analysis of children's photographic behaviour and intentions at three age levels', *Visual Communication*, 2: 303-30.

Silverstone, R. (1985) *Framing Science: The Making of a BBC Documentary*. London: BFI Books.

Souza, L.M.T.M. de (2002) 'Review of: Jessica Evans and Stuart Hall (eds), *Visual Culture: The Reader*. London: Sage, 1999 and Nicholas Mirzoeff, (ed.), *The Visual Culture Reader*. London: Routledge, 1998, *Visual Communication*, 1: 129-36.

Stanton, J. (2003) 'Snapshots on the dreaming: photographs of the past and present', in L. Peers and A. Brown (eds), *Museums and Source Communities: A Routiedge Reader*. London: Routledge, pp. 136-51.

Steiger, R. (1995) 'First children and family dynamics', *Visual Sociology*, 10: 28-49.

Stocking, G. (1982) *Race, Culture and Evolution: Essays on the History of Anthropology*. Chicago: University of Chicago Press.

Stoller, P. (1989) *The Taste of Ethnographic Things: The Senses in Anthropology*. Philadelphia: University of Pennsylvania Press.

Suchar, C. (1997) 'Grounding visual sociology research in shooting scripts', *Qualitative Sociology*, 20: 33-55.

SVA (Society for Visual Anthropology) (2001) *Guidelines for the Evaluation of Ethnographic Visual Media*. Society for Visual Anthropology. http.www. society for visual anthropology.org/resources/svaevalution .pdf /

Tagg, J. (1987) *The Burden of Representation: Essays on Photographies and Histories*. london: Macmillan.

ten Have, P. (2004) *Understanding Qualitative Research and Ethnomethodology*. London: Sage.

Trachtenberg, A. (1989) *Reading American Photographs. Images as History: Mathew Brady to Walker Evans*. New York: Noonday Press.

Tufte, E.R. (1997) *Visual Explanations: Images and Quantities, Evidence and Narrative*. Cheshire, CT: Graphics Press.

Turner, T. (1990) 'Visual media, cultural politics and anthropological practice: some implications of recent uses of film and video among the Kayapó of Brazil', *CVA Review*, Spring: 8-12.

Turner, T. (1992) 'Defiant images: the Kayapó appropriation of video', *Anthropology Today*, 8: 5-16.

van der Does, P., Edelaar, S., Gooskens, I., Liefting, M. and van Mierlo, M. (1992) 'Reading images: a study of a Dutch neighborhood', *Visual Sociology*, 7: 4-67.

van leeuwen, T. (2001) 'Semiotics and iconography', in T. van leeuwen and C. Jewitt (eds). *Handbook of Visual Analysis*. london: Sage, pp. 92-118.

van leeuwen, T. and Jewitt, C. (eds) (2001) *Handbook of Visual Analysis*. london: Sage.

van Wezel, R.H.J. (1988) 'Reciprocity of research results in Portugal', *Critique of Anthropology*, 8: 63-70.

Whorf, B.l. (1956) *Language, Thought and Reality*. Cambridge, MA: MIT Press.

Williams, M. (2002) *Making Sense of Social Research*. london: Sage.

Wood, D. (ed.) (2003) *Foucault and Panopticism Revisited*, online at www.surveillance-and-society.org.

Woolgar, S. (1991) 'Configuring the user: the case of usability trials', in J. law (ed.), *A Sociology of Monsters: Essays on Power, Technology and Domination*. london: Routledge, pp. 57-99.

Worth, S. and Adair, J. (1972) *Through Navajo Eyes: An Exploration in Film Communication and Anthropology*. Bloomington: University Indiana Press.

Worth, S. and Adair, J. (1997) *Through Navajo Eyes: An Exploration in Film Communication and Anthropology with a New Foreword, Afterword, and Illustrations by Richard Chalfen*. Albuquerque: University of New Mexico Press.

Wright, T. (1999) *The Photography Handbook*. London: Routledge.

ÍNDICE

A

Abu-Lughod, L. 84-88, 95-96
aceitação profissional de pesquisa visual
Adair, J. 15-17, 106-107, 122-123
agência 25-27, 94, 150-151
análise de conteúdo 56-57, 63-69, 80-82, 88-89, 113-114
análise de conversação 47-48, 69-72
análise formalista 57-71, 80-82
análise marxista 56-57
análise quantitativa 68-69, 152
análise semiótica 59-60, 67
antropologia 35-36, 38-40, 42-47, 55-56, 62-63, 70-72, 84-85, 99-103
 ver também antropologia social
antropologia social 23-24, 36-37, 70-71, 79-81
antropologia visual 39-43, 110-111
apresentação de pesquisa visual 21-22, 119-143
 a sujeitos de pesquisa 129-135
 digital ou multimídia 134-143
 em contexto acadêmico 122-130
 em filme ou vídeo 126-129
Asch, P. 95-97
Asch, T. 95-97, 135-136
Aston, J. 136-138, 141-142

B

Baily, J. 101-103
Ball, M. 64-70
Barbash, I. 100-101
Barnouw, E. 27
Barry, A. 61-63
Barthes, R. 58-60

Bateson, G. 45-46
Becker, H. 30-31, 115-116
Bell, J. 130-134
Bell, P. 112-116
Bentham, J. 53-55, 61-62
Berelson, B. 63-64
Berger, J. 56-57, 123-124
Bertillon, A. 40-41
Biella, P. 101-103, 135-136, 141-142
Blackwood, B. 44-46
Bourdieu, P. 58-59

C

Caldarola, V. 97-99
Carelli, V. 108-109
Chagnon, N. 135-136
Chalfen, D. 16-17
Chaplin, E. 30-32, 71-74
Chiozzi, P. 89-94, 105-108
colaboração entre pesquisadores e sujeitos de pesquisa 21-22, 104-111, 114-115, 129-130
Collett, P. 84-85
Collier, J. 88-89, 97-99, 105-106, 129-130, 146-147
Collier, M. 88-89, 146-147
Connor, L. 95-97
Constable, J. 73-74
conteúdo de imagens visuais 72-74
conteúdo *latente* de imagens 65-69
conteúdo *manifesto* de imagens 65-67, 91-96
Cool, J. 100-101
Coover, R. 136-137
coreometria 47-48

D

Danforth, L. 126-127
Darwin, C. 40-41
direitos autorais 114-116, 120-122
distinção *figura/fundo* 28-29, 146-147
divisões raciais 39-41
Doisneau, R. 59-62
Durkheim, É. 68-69

E

Eco, U. 122-123
elicitação de filme 80-84, 89-90, 94-97
Emmison, M. 120-122
ensaios fotográficos 123-127
escola de antropologia da "cultura e personalidade" 45-46
escopofilia 113-114
estudos culturais 57-64
estudos de mídia 63-64, 83-84, 87-88
ética 110-117, 131-132
etnografia 62-63, 71-72, 80-85
etnometodologia 47-48, 62-63, 69-71, 96-97
Evans, J. 58-59
evolução 39-40, 42-43, 64-65, 67

F

Faris, J.C. 109-110
fenomenologia 46-47, 59-60, 71-72
filme em pesquisa social 43-48, 101-104
filmes etnográficos 23-24, 44-48, 79-81, 99-103, 114-116, 123-129, 135-136
Fischer, M. 135-137
Flaherty, R. 44-46
forma de imagens visuais 72-74
formas documentárias 27-29, 97-100, 115-116, 122-123
foto-elicitação 80-82, 88-100, 104-108, 130-131
fotografia em pesquisa social 38-48
fotografias, mostra de 73-76
Foucault, M. 29-30, 39-43, 53-55, 58-64, 97-98, 113-114

G

Geertz, C. 38
Geffroy, Y. 89-93, 130-132
Gell, A. 25-26, 73-74
Ginsburg, F. 109-110, 122-123
Glaser, B.G. 68-69
Gold, S. 91-93
Goodwin, C. 70-71
Grady, J. 124-125
Grierson, J. 27

H

Haddon, A. C. 35-37, 43-45, 63-67
Hagerman, D. 115-116
Hall, S. 58-59
Halpern, S.W. 115-116
Hamilton, P. 42-43
Hargreaves, R. 42-43
Harper, D. 42-43, 124-125
Hawkins, R. 46-47
Heald, S. 46-47
Heath, C. 69-70
Henley, P. 100-101
Hindrnarsh, J. 69-70
hipótese de Whorf-Sapir 16-17, 106-107
Huxley, T. H. 39-40, 40-41

I

Iederna. R. 67-69
imagens em pesquisa social 16-22, 59-62, 139-143
interpretativismo em pesquisa social 27, 38, 45-51, 55-56, 63-64, 110-111

J

James, W. 136-138
Jay, M. 58-59
Jenkins, R. 55-56
Jenks, C. 58-59
Jewitt. C. 67

K

Kess, G 67, 126-127
Kingston, D.P. 133-134
Krebs, S. 94-97
Kroeber, A. 65-66

L

Leach, E. 71-72
Levi-Strauss, C. 67-69
ligações telefônicas 47-48
Lister, M. 58-60, 72-73
Llewelyn-Davies, M. 46-47

tecnologia de vídeo, uso de 25-26, 45-48, 69-70, 96-97, 104, 107-108
televisão 46-47, 80-89, 104, 109-110, 127-128
televisão de circuito fechado (CCTV) 54-55, 61-62
ten Have, P. 69-71, 96-97
teoria fundamentada em dados 68-69, 71-72, 98-99
Tsiaras, A. 126-127
Tufte, E. 49-51
Turner, T. 109-110

U
uso de câmera por sujeitos de pesquisa 20, 22-23, 106-107

V
van der Does, P. 129-130, 146-147
van Leeuwen, T. 59-60, 67, 126-127
van Weze I. R. 107-109, 123-124
vigilância panóptica 29-30, 53-55, 61-62, 97-98, 113-114
"virada pós-moderna" 21-22

W
Wells, Lo 58-60, 72-73
Williams, M. 38
Worth, S. 15-17, 106-107, 122-123

Z
Zeitlyn, D. 135-137m

Lombroso, C. 40-41
Lull, J. 83-84
Lutkehaus, N. 100-101
Lynd, R. 42-22

M

MacDougall, D. 46-47, 101-103
Malinowski, B. 62-63
Martinez, W. 122-123, 127-128
Marx, K. 58-59, 68-69
materialidade 57-58, 72-78, 86, 94, 139-140
Mead, M. 45-46, 122-123
Merleau-Ponty, M. 149-150
Michaels, E. 110-111
Minh-ha, T. T. 114-115
Mirzoeff, N. 58-60, 87-88
Mizen, P. 20-21
Mohr, J. 123-124
Monmonier, M. 50-51
Morley, D. 73-74, 84-85, 87-88
Morphy, F. 108-109
Morphy, H. 108-109

N

narrativa 29-30, 59-60, 67, 72-73, 89-90, 96-99
Niessen. S. 92-96, 104

O

observação participante 45-46, 71-72, 84-85
ocularcentrismo 29-31, 58-59, 62-63
Oyarna, R. 67

P

pesquisa de campo 79-82, 96-98, 104, 116-117
pesquisa visual
  originalidade de 148-154
  planejamento e execução of 22-26
  principais correntes de 19-22
  valor de 152-154
  vigor de 150-154
Pink, S. 70-72, 104-108, 110-111, 124-125, 134-135, 141-142
Pinney, C. 40-41, 75-76
positivismo em pesquisa social 27, 38, 45-48, 55-56, 63-64, 69-70, 94-96, 100-101

produções de multimídia 134-143
proxêmica 47-48
psicanálise 71-73
públicos para pesquisa visual 120-123, 126-127

Q

quadros 28-30, 82-83
Quinlan, T. 108-110

R

reflexividade 30-31, 70-72, 98-99, 116-117
repatriação, visual 131-135
representação 30-32, 71-72
resultados 128-130
Richardson, J. 65-66
Robinson, D. 65-66, 80-82
Rose, G. 120-122
Rouch, J. 100-101, 126-127
Ruby, J. 71-72, 101-103, 119-121
Rumsfeld, D. 146-147
Rundstrom, D. 101-103
Russell, K. 59-60

S

Sapir, E. 16-17, 45-46
Saussure, F. de 68-69
Schratz, M. 103
Seaman, G 135-136
Sharples, M. 19-21
Shwartz, D. 124-125
Silverstone, R. 88-89
Smith, G W.H. 64-70
Snow, J. 49-51
Sociedade de Antropologia Visual (SVA) 128-130
sociologia 38-40, 46-47, 124-125, 152
Spencer, B. 44-45
Srnith, P. 120-122
Stanton, J. 133-134
Steiger, R. 98-100, 129-130
Steiner-Loffler, U. 103
Stoller, P. 148-151
Strauss, A.L. 68-69
Suchar. C. 42-43

T

Tagg, J. 61-62
Tapakan, J. 95-97
Taylor, L. 100-101